德汉工程机械型号名谱

中国工程机械学会 编

张为民 刘 铄 刘 磊 译

U0179011

上海科学技术出版社

编 委 会

主 任　石来德

编 委　（按姓氏笔画排序）

王旭升　王家海　邓慧萍

刘　东　刘　磊　李安虎

李翔宁　吴　敏　余　宙

张为民　张玉洁　陈　钰

赵云璐　俞吉恩　施　桦

简小刚

序

　　土石方工程、流动起重装卸工程、人货升降输送工程和各种建筑工程综合机械化施工以及同上述相关的工业生产过程的机械化作业所需的机械设备统称为工程机械。工程机械应用范围极广,大致涉及如下领域:① 交通运输基础设施;② 能源领域工程;③ 原材料领域工程;④ 农林基础设施;⑤ 水利工程;⑥ 城市工程;⑦ 环境保护工程;⑧ 国防工程。

　　工程机械行业的发展历程大致可分为以下 6 个阶段。

　　第一阶段(1949 年前):工程机械最早应用于抗日战争时期滇缅公路建设。

　　第二阶段(1949—1960 年):我国实施第一个和第二个五年计划,156 项工程建设需要大量工程机械,国内筹建了一批以维修为主、生产为辅的中小型工程机械企业,没有建立专业化的工程机械制造厂,没有统一的管理与规划,高等学校也未设立真正意义上的工程机械专业或学科,相关科研机构也没有建立。各主管部委虽然设立了一些管理机构,但这些机构分散且规模很小。此期间全行业的职工人数仅 2 万余人,生产企业仅二十余家,总产值 2.8 亿元人民币。

　　第三阶段(1961—1978 年):国务院和中央军委决定在第一机械工业部成立工程机械工业局(五局),并于 1961 年 4 月 24 日正式成立,由此对工程机械行业的发展进行统一规划,形成了独立的制造体系。此外,高等学校设立了工程机械专业以培养相应人才,并成立了独立的研究所以制定全行业的标准化和技术情报交流体系。在此期间,全行业职工人数达 34 万余人,全国工程机械专业厂和兼并厂达 380 多家,固定资产 35 亿元人民币,工业总产值 18.8 亿元人民币,毛利润 4.6 亿元人民币。

　　第四阶段(1979—1998 年):这一时期工程机械管理机构经过几次大的变动,主要生产厂下放至各省、市、地区管理,改革开放的实行也促进了民营企业的发展。在此期间,全行业固定资产总额 210 亿元人民币,净值 140 亿元人民币,有 1 000 多家厂商,销售总额 350 亿元人民币。

第五阶段(1999—2012 年):此阶段工程机械行业发展很快,成绩显著。全国有 1 400 多家厂商、主机厂 710 家,11 家企业入选世界工程机械 50 强,30 多家企业在 A 股和 H 股上市,销售总额已超过美国、德国、日本,位居世界第一,2012 年总产值近 5 000 亿元人民币。

第六阶段(2012 年至今):在此期间国家进行了经济结构调整,工程机械行业的发展速度也有所变化,总体稳中有进。在经历了一段不景气的时期之后,随着我国"一带一路"倡议的实施和国内城乡建设的需要,将会迎来新的发展时期,完成由工程机械制造大国向工程机械制造强国的转变。

随着经济发展的需要,我国的工程机械行业逐渐发展壮大,由原来的以进口为主转向出口为主。1999 年至 2010 年期间,工程机械的进口额从 15.5 亿美元增长到 84 亿美元,而出口的变化更大,从 6.89 亿美元增长到 103.4 亿美元,2015 年达到近 200 亿美元。我国的工程机械已经出口到世界 200 多个国家和地区。

我国工程机械的品种越来越多,根据中国工程机械工业协会标准,我国工程机械已经形成 20 个大类、130 多个组、近 600 个型号、上千个产品,在这些产品中还不包括港口机械以及部分矿山机械。为了适应工程机械的出口需要和国内外行业的技术交流,我们将上述产品名称翻译成 8 种语言,包括阿拉伯语、德语、法语、日语、西班牙语、意大利语、英语和俄语,并分别提供中文对照,以方便大家在使用中进行参考。翻译如有不准确、不正确之处,恳请读者批评指正。

编委会

2020 年 1 月

目 录

1 Baggermaschine *f*. 挖掘机械

Gruppe/组	Typ/型	Produkt/产品
satzweiser Bagger *m*. 间歇式挖掘机	mechanischer Bagger *m*. 机械式挖掘机	mechanischer Bagger mit Raupenfahrwerk *m*. 履带式机械挖掘机
		Radbagger *m*. 轮胎式机械挖掘机
		feststehender（Schiffs-）Bagger *m*. 固定式（船用）机械挖掘机
		Elektrobagger für Bergbau *m*. 矿用电铲
	Hydraulikbagger *m*. 液压式挖掘机	Hydraulikbagger mit Raupenlaufwerk *m*. 履带式液压挖掘机
		hydraulischer Radbagger *m*. 轮胎式液压挖掘机
		amphibischer Hydraulikbagger *m*. 水陆两用式液压挖掘机
		Sumpfhydraulikbagger *m*. 湿地液压挖掘机
		Schreitbagger *m*. 步履式液压挖掘机
		feststehender（Schiffs-）Hydraulikbagger *m*. 固定式（船用）液压挖掘机
	Baggerlader *m*. 挖掘装载机	Seitenkipplader *m*. 侧移式挖掘装载机
		mittig montierte Baggerlader *m*. 中置式挖掘装载机
fortlaufender Bagger *m*. 连续式挖掘机	Mehrgefäßbagger *m*. 斗轮挖掘机	Mehrgefäßbagger mit Raupenfahrwerk *m*. 履带式斗轮挖掘机
		Reifenmehrgefäßbagger *m*. 轮胎式斗轮挖掘机
		Mehrgefäßbagger mit Speziellen Laufwerk *m*. 特殊行走装置斗轮挖掘机
	Rollbagger *m*. 滚切式挖掘机	Rollbagger *m*. 滚切式挖掘机

（续表）

Gruppe/组	Typ/型	Produkt/产品
fortlaufender Bagger *m*. 连续式挖掘机	Fräsen-Bagger *m*. 铣切式挖掘机	Fräsen-Bagger *m*. 铣切式挖掘机
	Eimerkettengraben-bagger *m*. 多斗挖沟机	Formteil-Grabenfräser *m*. 成型断面挖沟机
		Radfräse *f*. 轮斗挖沟机
		Kettenbagger *m*. 链斗挖沟机
	Kettenbagger *m*. 链斗挖沟机	Kettenbagger mit Raupenfahrwerk *m*. 履带式链斗挖沟机
		Reifen-Kettenbagger *m*. 轮胎式链斗挖沟机
		schienenfahrender Kettenbagger *m*. 轨道式链斗挖沟机
andere Bagger *m*. 其他挖掘机械		

2 Erdbaumaschine *f*. 铲土运输机械

Gruppe/组	Typ/型	Produkt/产品
Aufladmaschine *f*. 装载机	Kettenlademaschine *f*. 履带式装载机	mechanische Aufladmaschine *f*. 机械装载机
		hydromechanische Aufladmaschine *f*. 液力机械装载机
		Vollhydrauliklader *m*. 全液压装载机
	Reifenlader *m*. 轮胎式装载机	mechanische Aufladmaschine *f*. 机械装载机
		hydromechanische Aufladmaschine *f*. 液力机械装载机
		Vollhydrauliklader *m*. 全液压装载机
	Kompaktlader *m*. 滑移转向式装载机	Kompaktlader *m*. 滑移转向装载机
	Speziallader *m*. 特殊用途装载机	Sumpflader mit Raupenfahrwerk *m*. 履带湿地式装载机

（续表）

Gruppe/组	Typ/型	Produkt/产品
Aufladmaschine *f*. 装载机	Speziallader *m*. 特殊用途装载机	Seitenkipplader *m*. 侧卸装载机
		Untergrundlader *m*. 井下装载机
		Holzlader *m*. 木材装载机
Kratzerförderer *m*. 铲运机	Selbstfahrschrapper *m*. 自行铲运机	Reifen- Selbstfahrschrapper *m*. 自行轮胎式铲运机
		Reifentyp zweimotoriger Schaber *m*. 轮胎式双发动机铲运机
		Selbstfahrschrapper mit Raupenfahrwerk *m*. 自行履带式铲运机
	geschleppter Kratzerförderer *m*. 拖式铲运机	mechanischer Kratzerförderer *m*. 机械铲运机
		Hydraulik-Kratzerförderer *m*. 液压铲运机
Planierraupe *f*. 推土机	Raupen-Bulldozer *m*. 履带式推土机	mechanische Planierraupe *f*. 机械推土机
		hydromechanische Planierraupe *f*. 液力机械推土机
		Vollhydraulik- Planierraupe *f*. 全液压推土机
		Planierraupe für niedrigen Bodendruck *f*. 履带式湿地推土机
	Reifenplaniergerät *n*. 轮胎式推土机	hydromechanische Planierraupe *f*. 液力机械推土机
		Vollhydraulik- Planierraupe *f*. 全液压推土机
	Hebzeug für Zugsattel *n*. 通井机	Hebzeug für Zugsattel *n*. 通井机
	Bulldozer *m*. 推耙机	Bulldozer *m*. 推耙机
Gabelstapler *m*. 叉装机	Gabelstapler *m*. 叉装机	Gabelstapler *m*. 叉装机

3

（续表）

Gruppe/组	Typ/型	Produkt/产品
Bodenhobel *m*. Grader *m*. 平地机	selbstfahrender Grader *m*. 自行式平地机	mechanischer Grader mit Selbstandtrieb *m*. 机械式平地机
		hydromechanischer Grader *m*. 液力机械平地机
		Vollhydraulik-Grader *m*. 全液压平地机
	Anhängegrader *m*. 拖式平地机	Anhängegrader *m*. 拖式平地机
Off-Highway-Selbstentlader *m*. 非公路自卸车	starrer Selbstentlader *m*./ Kipper *m*. 刚性自卸车	Kipper mit mechanischem Antrieb *m*. 机械传动自卸车
		hydraulischer mechanischer Kipper *m*. 液力机械传动自卸车
		Kipper mit hydrostatischem Antrieb *m*. 静液压传动自卸车
		elektrischer Kipper *m*. 电动自卸车
	Sattelschlepper *m*. 铰接式自卸车	Selbstentlader mit mechanischem Antrieb *m*. 机械传动自卸车
		hydraulischer mechanischer Kipper *m*. 液力机械传动自卸车
		Kipper mit hydrostatischem Antrieb *m*. 静液压传动自卸车
		elektrischer Kipper *m*. 电动自卸车
	starrer Selbstentlader *m*./ Kipper unter Grund *m*. 地下刚性自卸车	hydraulischer mechanischer Kipper *m*. 液力机械传动自卸车
	Sattelschlepper für Untertagbau *m*. 地下铰接式自卸车	hydraulischer mechanischer Kipper *m*. 液力机械传动自卸车
		Kipper mit hydrostatischem Antrieb *m*. 静液压传动自卸车
		elektrischer Kipper *m*. 电动自卸车
	drehbarer Selbstentlader *m*. 回转式自卸车	Kipper mit hydrostatischem Antrieb *m*. 静液压传动自卸车
	Schwerkraftkipper *m*. 重力翻斗车	Schwerkraftkipper *m*. 重力翻斗车

（续表）

Gruppe/组	Typ/型	Produkt/产品
Maschine zur Arbeits-vorbereitung *f*. 作业准备机械	Buschschneider *m*. 除荆机	Buschschneider *m*. 除荆机
	Baumstumpfrode-maschine *f*. 除根机	Baumstumpfrodemaschine *f*. 除根机
andere Erdbaumaschine *f*. 其他铲土运输机械		

3 Hebezeug *n*. 起重机械

Gruppe/组	Typ/型	Produkt/产品
Fahrzeugkran *m*. 流动式起重机	Reifenkran *m*. 轮胎式起重机	Autokran *m*. 汽车起重机
		All-Terrain-Kran *m*. 全地面起重机
		Reifenkran *m*. 轮胎式起重机
		gummibereifter Geländekran *m*. 越野轮胎起重机
		Wagenkran *m*. 随车起重机
	Raupenkran *m*. 履带式起重机	Gittermastauslegerkran mit Raupenfahrwerk *m*. 桁架臂履带起重机
		Teleskopausleger-Kran mit Raupenfahrwerk *m*. 伸缩臂履带起重机
	spezialer Mobilkran *m*. 专用流动式起重机	Container-Frontkran *m*. 正面吊运起重机
		Container-Seitenkran *m*. 侧面吊运起重机
		Hohrleger mit Raupenfahrwerk *m*. 履带式吊管机
	Abbrucharbeiter *f*. 清障车	Abbrucharbeiter *f*. 清障车
		Abschleppwagen *m*. 清障抢救车

（续表）

Gruppe/组	Typ/型	Produkt/产品
Baukran *m*. 建筑起重机械	Turmkran *m*. 塔式起重机	schienenfahrender obendrehbarer Turmkran *m*. 轨道上回转塔式起重机
		schienenfahrender obendrehbarer Drehurmkran *m*. 轨道上回转自升塔式起重机
		schienenfahrender unterdrehbarer Drehturmkran *m*. 轨道下回转塔式起重机
		schienenfahrender Schnell-lade-turmkran *m*. 轨道快装式塔式起重机
		schienenfahrender Auslegerturmkran *m*. 轨道动臂式塔式起重机
		schienenfahrender spitzenloser Turmkran *m*. 轨道平头式塔式起重机
		stationärer obendrehbarer Turmkran *m*. 固定上回转塔式起重机
		stationärer obendrehbarer Drehurmkran *m*. 固定上回转自升塔式起重机
		stationärer unterdrehbarer Drehturmkran *m*. 固定下回转塔式起重机
		stationärer Schnell-lade-turmkran *m*. 固定快装式塔式起重机
		stationärer Auslegerturmkran *m*. 固定动臂式塔式起重机
		stationärer spitzenloser Turmkran *m*. 固定平头式塔式起重机
		stationärer interner Kletterturmkran *m*. 固定内爬升式塔式起重机
	Bauelevator *m*. 施工升降机	Zahnstangenelevator *m*. 齿轮齿条式施工升降机
		Seillift *m*. 钢丝绳式施工升降机
		kombinierter Elevator *m*. 混合式施工升降机

（续表）

Gruppe/组	Typ/型	Produkt/产品
Baukran *m*. 建筑起重机械	Bauwinde *f*. 建筑卷扬机	Eintrommelhaspel *f*. 单筒卷扬机
		Doppeltrommelwinde *f*. 双筒式卷扬机
		Dreitrommelwinde *f*. 三筒式卷扬机
anderes Hebezeug *n*. 其他起重机械		

4 Industriefahrzeug *n*. 工业车辆

Gruppe/组	Typ/型	Prudukt/产品
kraftbetriebenes Flurförderzeug *n*. （Brennkraftwagen， Akku， Doppelmotor） 机动工业车辆 （内燃、蓄电池、 双动力）	Wagen mit Festplattform *m*. 固定平台搬运车	Wagen mit Festplattform *m*. 固定平台搬运车
	Kraftschlepper und Schieber 牵引车和推顶车	Kraftschlepper *m*. 牵引车
		Schieber *m*. 推顶车
	Hochregalstapler *m*. 堆垛用（高起升）车辆	gewichtausgeglichener Gabelstapler *m*. 平衡重式叉车
		Schubgabelstapler *m*. 前移式叉车
		Gabelstapler mit Spreizarm *m*. 插腿式叉车
		Pallettenheber *m*. 托盘堆垛车
		Plattformstapler *m*. 平台堆垛车
		Wagen mit höhenverstellbarer Bedienbühne *m*. 操作台可升降车辆
		Seitenladewagen *m*. 侧面式叉车（单侧）
		Geländegabelstapler *m*. 越野叉车

7

（续表）

Gruppe/组	Typ/型	Prudukt/产品
kraftbetriebenes Flurförderzeug *n*. （Brennkraftwagen, Akku, Doppelmotor） 机动工业车辆 （内燃、蓄电池、双动力）	Hochregalstapler *m*. 堆垛用（高起升）车辆	Querstapler *m*. 侧面堆垛式叉车（两侧）
		Dreiseitenstapler *m*. 三向堆垛式叉车
		Portalhubwagen *m*. 堆垛用高起升跨车
		Containerstapler mit Gegengewicht *m*. 平衡重式集装箱堆高机
	nichtstapelnder Niderhubwagen *m*. 非堆垛用（低起升）车辆	Palettenhubwagen *m*. 托盘搬运车
		Hubwagen *m*. 平台搬运车
		nichtstapelnder Portalhubwagen mit Niderhub *m*. 非堆垛用低起升跨车
	Teleskopgabelstapler *m*. 伸缩臂式叉车	Teleskopgabelstapler *m*. 伸缩臂式叉车
		Geländeteleskopgabelstapler *m*. 越野伸缩臂式叉车
	Kommissionierwagen *m*. 拣选车	Kommissionierwagen *m*. 拣选车
	fahrerloser lastkraftwagen *m*. 无人驾驶车辆	fahrerloser lastkraftwagen *m*. 无人驾驶车辆
nicht-kraftbetriebenes Flurförderzeug *n*. 非机动工业车辆	deichselgeführter Stapelwagen *m*. 步行式堆垛车	deichselgeführter Stapelwagen *m*. 步行式堆垛车
	deichselgeführter Pallettenheber *m*. 步行式托盘堆垛车	deichselgeführter Pallettenheber *m*. 步行式托盘堆垛车
	deichselgeführter Pallettenhubwagen *m*. 步行式托盘搬运车	deichselgeführter Pallettenhubwagen *m*. 步行式托盘搬运车
	deichselgeführter Schere-Pallettenhubwagen *m*. 步行剪叉式升降托盘搬运车	deichselgeführter Schere-Pallettenhubwagen *m*. 步行剪叉式升降托盘搬运车

（续表）

Gruppe/组	Typ/型	Prudukt/产品
anderes Industriefahrzeug *n.* 其他工业车辆		

5 Walze (*f.*) und Verdichter (*m.*) 压实机械

Gruppe/组	Typ/型	Prudukt/产品
Statikwalze *f.* 静作用压路机	geschleppte Straßenwalze *f.* 拖式压路机	geschleppte Straßenwalze mit Glattrommel *f.* 拖式光轮压路机
	Motorwalze *f.* 自行式压路机	Straßenwalze mit doppelten Glattrommeln *f.* 两轮光轮压路机
		Straßenwalze mit doppelten anlekenden Glattrommeln *f.* 两轮铰接光轮压路机
		Dreiradstraßenwalze mit Glattrommeln *f.* 三轮光轮压路机
		Dreiradstraßenwalze mit anlekenden Glattrommeln *f.* 三轮铰接光轮压路机
Schwingungswalze *f.* 振动压路机	Glattwalze *f.* 光轮式压路机	Straßenwalze mit Doppeltrommeln *f.* 两轮串联振动压路机
		Straßenwalze mit gelenkigen Doppeltrommeln *f.* 两轮铰接振动压路机
		Vibrationswalze mit vier Trommeln *f.* 四轮振动压路机
	Vibrationswalze mit Reifenantriebs-einrichtung *f.* 轮胎驱动式压路机	Vibrationswalze mit Doppeltrommeln und Reifenantriebseinrichtung *f.* 轮胎驱动光轮振动压路机
		Vibrationswalze mit Stampffuß und Reifenantriebseinrichtung *f.* 轮胎驱动凸块振动压路机
	geschleppte Straßenwalze *f.* 拖式压路机	Anhänge-Schwingungswalze *f.* 拖式振动压路机
		geschleppte Stampffußwalze *f.* 拖式凸块振动压路机

9

（续表）

Gruppe/组	Typ/型	Prudukt/产品
Schwingungswalze *f.* 振动压路机	Handwalze *f.* 手扶式压路机	Handvibrationswalze mit Glattrommel *f.* 手扶光轮振动压路机
		Handvibrationswalze mit Stampffuß *f.* 手扶凸块振动压路机
		Handvibrationswalze mit Lenkeinrichtung *f.* 手扶带转向机构振动压路机
Oszillationswalze *f.* 振荡压路机	Glattwalze *f.* 光轮式压路机	Oszillationswalze mit Doppeltrommeln *f.* 两轮串联振荡压路机
		Oszillationswalze mit gelenkigen Doppeltrommeln *f.* 两轮铰接振荡压路机
	Oszillationswalze mit Reifenantriebs-einrichtung *f.* 轮胎驱动式压路机	Oszillationswalze mit Doppeltrommeln und Reifenantriebs-einrichtung *f.* 轮胎驱动式光轮振荡压路机
Gummireifenwalze *f.* 轮胎压路机	Motorwalze *f.* 自行式压路机	Gummireifenwalze *f.* 轮胎压路机
		gelenkige Gummireifenwalze *f.* 铰接式轮胎压路机
Prallwalze *f.* 冲击压路机	geschleppte Straßenwalze *f.* 拖式压路机	geschleppte Prallwalze *f.* 拖式冲击压路机
	Motorwalze *f.* 自行式压路机	selbstfahrende Prallwalze *f.* 自行式冲击压路机
kombinierte Walze *f.* 组合式压路机	kombinierter Reifenvibrations-walze *f.* 振动轮胎组合式压路机	kombinierter Reifenvibrations-walze *f.* 振动轮胎组合式压路机
	vibrierende und oszillierende Walze *f.* 振动振荡压路机	vibrierende und oszillierende Walze *f.* 振动振荡式压路机
Vibrationsramme *f.* 振动平板夯	elektrische Vibrationsramme *f.* 电动振动平板夯	elektrische Vibrationsramme *f.* 电动振动平板夯
	Dieselrüttelplatte *f.* 内燃振动平板夯	Dieselrüttelplatte *f.* 内燃振动平板夯

10

（续表）

Gruppe/组	Typ/型	Prudukt/产品
Stoßvibrations-ramme *f.* 振动冲击夯	elektrische Stoßvibrationsramme *f.* 电动振动冲击夯	elektrische Stoßvibrationsramme *f.* 电动振动冲击夯
	Diesel-Stoßvibrationsramme *f.* 内燃振动冲击夯	Diesel-Stoßvibrationsramme *f.* 内燃振动冲击夯
Explosions-stampfer *f.* 爆炸式夯实机	Explosionsstampfer *f.* 爆炸式夯实机	Explosionsstampfer *f.* 爆炸式夯实机
Froschramme *f.* 蛙式夯实机	Froschramme *f.* 蛙式夯实机	Froschramme *f.* 蛙式夯实机
Verdichter zur Abfalldepoine *m.* 垃圾填埋压实机	statischer Verdichter *m.* 静碾式压实机	statischer Verdichter zur Abfalldepoine *m.* 静碾式垃圾填埋压实机
	Schwingungswalze *f.* 振动式压实机	Schwingungswalze zur Abfalldepoine *f.* 振动式垃圾填埋压实机
andere Walze （*f.*）und anderer Verdichter（*m.*） 其他压实机械		

6 Straßendeckenfertiger（*m.*）und Straßendienstmaschinen（*pl.*）路面施工与养护机械

Gruppe/组	Typ/型	Prudukt/产品
Asphaltstraßen-decken-Baumaschinen *pl.* 沥青路面施工机械	Asphaltmischer *m.* 沥青混合料搅拌设备	satzweise Zwangmischanlage für Asphalt *f.* 强制间歇式沥青搅拌设备
		kontinuierliche Zwangmischanlage für Asphalt *f.* 强制连续式沥青搅拌设备
		kontinuierliche Asphalttrommel-mischer *m.* 滚筒连续式沥青搅拌设备
		kontinuierlicher Doppeltrommelmischer für Asphalt *m.* 双滚筒连续式沥青搅拌设备
		satzweiser Doppeltrommelmischer für Asphalt 双滚筒间歇式沥青搅拌设备

Gruppe/组	Typ/型	Pruduct/产品
12 Asphaltstraßen-decken-Baumaschinen *pl*. 沥青路面施工机械	Asphaltmischer *m*. 沥青混合料搅拌设备	fahrbare Asphaltmischanlage *f*. 移动式沥青搅拌设备
		Asphaltmischanlage mit Container *f*. 集装箱式沥青搅拌设备
		umweltfreundliche Asphaltmischanlage *f*. 环保型沥青搅拌设备
	Asphaltstraßen-verteiler *f*. 沥青混合料摊铺机	mechanische Asphaltplatte mit Raupenfahrwerk *f*. 机械传动履带式沥青摊铺机
		full-hydraulische Asphaltplatte mit Raupenfahrwerk *f*. 全液压履带式沥青摊铺机
		mechanische Reifenasphaltplatte *f*. 机械传动轮胎式沥青摊铺机
		full-hydraulische Reifenasphaltplatte *f*. 全液压轮胎式沥青摊铺机
		Doppelschicht- Asphaltplatte *f*. 双层沥青摊铺机
		Asphaltplatte mit Verdüsungsanlage *f*. 带喷洒装置沥青摊铺机
		Verlegemaschine *f*. 路沿摊铺机
	Versorgungs-fahrzeug für Asphaltmischung *n*. 沥青混合料转运机	direktes Versorgungs-fahrzeug für Asphaltmischung *n*. 直传式沥青转运料机
		Versorgungs-fahrzeug für Asphaltmischung mit dem Bunker *n*. 带料仓式沥青转运料机
	Drucktankwagen *m*. 沥青洒布机(车)	mechanischer Drucktankwagen *m*. 机械传动沥青洒布机(车)
		hydraulischer Drucktankwagen *m*. 液压传动沥青洒布机(车)
		pneumatischer Drucktankwagen *m*. 气压沥青洒布机
	Splittstreuer *m*. 碎石撒布机(车)	Splittstreuer mit einem Fördergurt *m*. 单输送带石屑撒布机
		Splittstreuer mit Doppelfördergurt *m*. 双输送带石屑撒布机

（续表）

Gruppe/组	Typ/型	Prudukt/产品
Asphaltstraßen-decken-Baumaschinen *pl.* 沥青路面施工机械	Splittstreuer *m.* 碎石撒布机（车）	hängender Einfach-Splittstreuer *m.* 悬挂式简易石屑撒布机
		schwarzer Splittstreuer *m.* 黑色碎石撒布机
	Transportwagen für Bitumen-Bindemittel *m.* 液态沥青运输机	Asphalttrankwagen mit Erhitzer *m.* 保温沥青运输罐车
		halb-geschleppter Asphalttrankwagen mit Erhitzer *m.* 半拖挂保温沥青运输罐车
		einfacher Asphalttrankwagen *m.* 简易车载式沥青罐车
	Asphaltpumpe *f.* 沥青泵	Zhanradpumpe zum Asphalt *f.* 齿轮式沥青泵
		Asphalt-Kolbenpumpe *f.* 柱塞式沥青泵
		Schneckenpumpe für Asphalt *f.* 螺杆式沥青泵
	Asphaltventil *n.* 沥青阀	Dreiweg-Asphaltventil mit Erhitzer *n.* 保温三通沥青阀（分手动、电动、气动）
		Zweiweg-Asphaltventil mit Erhitzer *n.* 保温二通沥青阀（分手动、电动、气动）
		Zweiweg-Kugelventil für Asphalt mit Erhitzer *n.* 保温二通沥青球阀
	Lagertank für Bitumen-Bindemittel *m.* 沥青贮罐	senkrechter Lagertank für Bitumen-Bindemittel *m.* 立式沥青贮罐
		horizontaler Lagertank für Bitumen-Bindemittel *m.* 卧式沥青贮罐
		Asphaltlager *n.* 沥青库（站）
	Asphalt-Heizungsanlage *f.* 沥青加热熔化设备	fixe von-Feuer-erwärmte Erwärmungs- und schmelzeinheit für Asphalt *f.* 火焰加热固定式沥青熔化设备
		fahrbare von-Feuer-erwärmte Erwärmungs- und schmelzeinheit für Asphalt *f.* 火焰加热移动式沥青熔化设备

13

Gruppe/组	Typ/型	Prudukt/产品
Asphaltstraßen-decken-Baumaschinen *pl*. 沥青路面施工机械	Asphalt-Heizungsanlage *f*. 沥青加热熔化设备	fixe dampferwärmte Erwärmungs- und schmelzeinheit für Asphalt *f*. 蒸汽加热固定式沥青熔化设备
		fahrbare dampferwärmte Erwärmungs- und schmelzeinheit für Asphalt *f*. 蒸汽加热移动式沥青熔化设备
		fixe von-Heißöl-erwärmte Erwärmungs- und schmelzeinheit für Asphalt *f*. 导热油加热固定式沥青熔化设备
		fixe elektrisch erwärmte Erwärmungs- und schmelzeinheit für Asphalt *f*. 电加热固定式沥青熔化设备
		fahrbare elektrisch erwärmte Erwärmungs- und schmelzeinheit für Asphalt *f*. 电加热移动式沥青熔化设备
		fixe von-Infrarot-erwärmte Erwärmungs- und schmelzeinheit für Asphalt *f*. 红外线固定加热式沥青熔化设备
		fahrbare von-Infrarot-erwärmte Erwärmungs- und schmelzeinheit für Asphalt *f*. 红外线加热移动式沥青熔化设备
		fixe solarerwärmte Erwärmungs- und schmelzeinheit für Asphalt *f*. 太阳能加热固定式沥青熔化设备
		fahrbare solarerwärmte Erwärmungs- und schmelzeinheit für Asphalt *f*. 太阳能加热移动式沥青熔化设备
	Asphaltbehälter *m*. 沥青灌装设备	Asphaltbehälter für in Fässer gefüllter Asphalt *m*. 筒装沥青灌装设备
		Sack- Asphaltbehälter *m*. 袋装沥青灌装设备
	Asphalt-Schmelzanlage *f*. 沥青脱桶装置	fixe Asphalt-Schmelzanlage *f*. 固定式沥青脱桶装置
		fahrbare Asphalt- Schmelzanlage *f*. 移动式沥青脱桶装置

14

（续表）

Gruppe/组	Typ/型	Prudukt/产品
Asphaltstraßen-decken-Baumaschinen *pl*. 沥青路面施工机械	Anlage für modifizierten Asphalt *f*. 沥青改性设备	Mischwerk für modifizierten Asphalt *n*. 搅拌式沥青改性设备
		Ausrüstung zur Asphaltänderung von Kolloidmühlen *f*. 胶体磨式沥青改性设备
	Asphalt-Emulsion-Anlage *f*. 沥青乳化设备	fahrbare Asphalt-Emulsion-Anlage *f*. 移动式沥青乳化设备
		fixe Asphalt-Emulsion-Anlage *f*. 固定式沥青乳化设备
Betoniermaschine und -vorrichtung *f*. 水泥路面施工机械	Betondeckenfertiger *m*. 水泥混凝土摊铺机	Betongleitschalungsfertiger *m*. 滑模式水泥混凝土摊铺机
		Betondeckenfertiger mit Schienenform *m*. 轨道式水泥混凝土摊铺机
	Multifunktionsstein-Pflaster-Verlegemaschine *f*. 多功能路缘石铺筑机	Pflaster-Verlegemaschine mit Raupenfahrwerk *f*. 履带式水泥混凝土路缘铺筑机
		schienenfahrende Pflaster-Verlegemaschine *f*. 轨道式水泥混凝土路缘铺筑机
		gummibereifte Pflaster-Verlegemaschine *f*. 轮胎式水泥混凝土路缘铺筑机
	Fugenschneider *m*. 切缝机	handhaltbarers Betonfugenschleifgerät *n*. 手扶式水泥混凝土路面切缝机
		schienenfahrenders Beton-fugenschleifgerät *n*. 轨道式水泥混凝土路面切缝机
		gummibereiftes Betonfugenschleifgerät *n*. 轮胎式水泥混凝土路面切缝机
	Betonrüttelbohle *f*. 水泥混凝土路面振动梁	Betonrüttelbohle mit Einzelträger *f*. 单梁式水泥混凝土路面振动梁
		Betonrüttelbohle mit Doppelträger *f*. 双梁式水泥混凝土路面振动梁
	Betonstraßen-Fügelglättmaschine *f*. 水泥混凝土路面抹光机	elektrische Betonstraßen-Fügelglättmaschine *f*. 电动式水泥混凝土路面抹光机
		Diesel- Betonstraßen-Fügelglättmaschine *f*. 内燃式水泥混凝土路面抹光机

Gruppe/组	Typ/型	Pruduct/产品
Betoniermaschine und -vorrichtung *f.* 水泥路面施工机械	Entwasserungs-einrichtung von Betonstraßendecken *f.* 水泥混凝土路面脱水装置	Vakuumentwasserungseinrichtung von Betonstraßendecken *f.* 真空式水泥混凝土路面脱水装置
		Luftpolster- Entwasserungs-einrichtung von Betonstraßendecken *f.* 气垫膜式水泥混凝土路面脱水装置
	Formungsmaschine für Betongraben *f.* 水泥混凝土边沟铺筑机	Formungsmaschine für Betongraben mit Raupenfahrwerk *f.* 履带式水泥混凝土边沟铺筑机
		schienenfahrende Formungsmaschine für Betongraben *f.* 轨道式水泥混凝土边沟铺筑机
		gummibereifte Formungsmaschine für Betongraben *f.* 轮胎式水泥混凝土边沟铺筑机
	Fugenfüller für Betonstraßen-decken *m.* 路面灌缝机	geschleppter Fugenfüller für Betonstraßendecken *m.* 拖式路面灌缝机
		selbstfahrender Fugenfüller für Betonstraßendecken *m.* 自行式路面灌缝机
Straßenfundament-bauanlage *f.* 路面基层施工机械	Bodenstabilisation *f.* 稳定土拌和机	Bodenstabilisation mit Raupenfahrwerk *f.* 履带式稳定土拌和机
		gummibereifte Bodenstabilisation *f.* 轮胎式稳定土拌和机
	Mischanlage für stabilisierten Boden *f.* 稳定土拌和设备	Zwangsmischanlage für stabilisierten Boden *f.* 强制式稳定土拌和设备
		Freifallmischanlage für stabilisierten Boden *f.* 自落式稳定土拌和设备
	Verteilermaschine für stabilisierten Boden *f.* 稳定土摊铺机	Verteilermaschine für stabilisierten Boden mit Raupenfahrwerk *f.* 履带式稳定土摊铺机
		gummibereifte Verteilermaschine für stabilisierten Boden *f.* 轮胎式稳定土摊铺机

（续表）

Gruppe/组	Typ/型	Prudukt/产品
Straßennebenbau-anlagen *f.* 路面附属设施施工机械	Baueinrichtung von Schutzgeländer *f.* 护栏施工机械	Fallwerkanlage (*f.*) und Baumstumpfzieher *m.* 打桩、拔桩机
		Pfahlrammenrigeinrichtung *f.* 钻孔吊桩机
	Markierungslinie Baumeinrichtung *f.* 标线标志施工机械	Spritzbeschichtungsmaschine für Straßenmarkierung mit nomaler Temperatur *f.* 常温漆标线喷涂机
		Spritzbeschichtungsmaschine mit Heißschmelzfarbe *f.* 热熔漆标线划线机
		Beseitigungsgerät der Straßenmarkierung *n.* 标线清除机
	Baumeinrichtung für Seitengraben und Böschungsschutz *f.* 边沟、护坡施工机械	Grabenzieher *m.* 开沟机
		Verteilermaschine für Seitengraben *f.* 边沟摊铺机
		Verteilermaschine für Böschungsschutz *f.* 护坡摊铺机
Straßendienst-maschinen *pl.* 路面养护机械	Multifunktionsstein-Pflegemaschinen *f.* 多功能养护机	Multifunktionsstein-Pflegemaschinen *f.* 多功能养护机
	Asphaltstraßendecken-Baumaschinen *f.* 沥青路面坑槽修补机	Asphaltstraßendecken-Baumaschinen *f.* 沥青路面坑槽修补机
	Asphaltstraße Heizungsreparatur-maschine *f.* 沥青路面加热修补机	Asphaltstraße-Heizungsreparatur-maschine *f.* 沥青路面加热修补机
	Straßendecken-Baumaschinen mit Spritzanlage *f.* 喷射式坑槽修补机	Straßendecken-Baumaschinen mit Spritzanlage *f.* 喷射式坑槽修补机
	Reczclinggerät der Straßenbeschichtung *n.* 再生修补机	Reczclinggerät der Straßenbeschichtung *n.* 再生修补机
	Expanderanlage *f.* 扩缝机	Expanderanlage *f.* 扩缝机

17

Gruppe/组	Typ/型	Pruduct/产品
Straßendienst-maschinen *pl*. 路面养护机械	Schneidemaschine für Nut und Besäumen *f*. 坑槽切边机	Schneidemaschine für Nut und Besäumen *f*. 坑槽切边机
	kleine Maskemaschine *f*. 小型罩面机	kleine Maskemaschine *f*. 小型罩面机
	Straßenschneide-maschine *f*. 路面切割机	Straßenschneidemaschine *f*. 路面切割机
	Sprinkler *m*. 洒水车	Sprinkler *m*. 洒水车
	Straßenfräse *f*. 路面刨铣机	Straßenfräse mit Raupenfahrwerk *f*. 履带式路面刨铣机
		gummibereifte Straßenfräse *f*. 轮胎式路面刨铣机
	Instandhaltungs-fahrzeug von Asphaltstraßen-decken *n*. 沥青路面养护车	selbstfahrendes Instandhaltungs-fahrzeug von Asphaltstraßendecken *n*. 自行式沥青路面养护车
		geschlepptes Instandhaltungsfahrzeug von Asphaltstraßendecken *n*. 拖式沥青路面养护车
	Instandhaltungs-fahrzeug von Beton *n*. 水泥混凝土路面养护车	selbstfahrendes Instandhaltungs-fahrzeug von Beton *n*. 自行式水泥混凝土路面养护车
		geschlepptes Instandhaltungsfahrzeug von Beton *n*. 拖式水泥混凝土路面养护车
	Beton-Zertrümmerungs-maschine *f*. 水泥混凝土路面破碎机	selbstfahrende Beton-Zertrümmerungsmaschine *f*. 自行式水泥混凝土路面破碎机
		geschleppte Beton-Zertrümmerungs-maschine *f*. 拖式水泥混凝土路面破碎机
	Abdichtmaschine für Schlamm *f*. 稀浆封层机	selbstfahrende Abdichtmaschine für Schlamm *f*. 自行式稀浆封层机
		geschleppte Abdichtmaschine für Schlamm *f*. 拖式稀浆封层机

18

（续表）

Gruppe/组	Typ/型	Prudukt/产品
Straßendienst-maschinen *pl.* 路面养护机械	Sandrücklauf-maschine *f.* 回砂机	Kratzer- Sandrücklaufmaschine *f.* 刮板式回砂机
		Rotor- Sandrücklaufmaschine *f.* 转子式回砂机
	Straßen-Falzmaschine *f.* 路面开槽机	handhaltbare Straßen-Falzmaschine *f.* 手扶式路面开槽机
		selbstfahrende Straßen-Falzmaschine *f.* 自行式路面开槽机
	Straßen-Dichtungsanlage *f.* 路面灌缝机	geschleppte Straßen-Dichtungsanlage *f.* 拖式路面灌缝机
		selbstfahrende Straßen-Dichtungsanlage *f.* 自行式路面灌缝机
	Anwärmgerät von Asphaltstraßen-decken *n.* 沥青路面加热机	selbstfahrendes Anwärmgerät von Asphaltstraßendecken *n.* 自行式沥青路面加热机
		geschlepptes Anwärmgerät von Asphaltstraßendecken *n.* 拖式沥青路面加热机
		hängendes Anwärmgerät von Asphaltstraßendecken *n.* 悬挂式沥青路面加热机
	Recyclinganlage mit Heizsystem von Asphaltstraßen-decken *f.* 沥青路面热再生机	selbstfahrende Recyclinganlage mit Heizsystem von Asphaltstraßen-decken *f.* 自行式沥青路面热再生机
		geschleppte Recyclinganlage mit Heizsystem von Asphaltstraßen-decken *f.* 拖式沥青路面热再生机
		hängende Recyclinganlage mit Heizsystem von Asphaltstraßen-decken *f.* 悬挂式沥青路面热再生机
	Recyclinganlage mit Kaltsystem von Asphaltstraßen-decken *f.* 沥青路面冷再生机	selbstfahrende Recyclinganlage mit Kaltsystem von Asphaltstraßen-decken *f.* 自行式沥青路面冷再生机

19

（续表）

Gruppe/组	Typ/型	Prudukt/产品
Straßendienst-maschinen *pl*. 路面养护机械	Recyclinganlage mit Kaltsystem von Asphaltstraßen-decken *f*. 沥青路面冷再生机	geschleppte Recyclinganlage mit Kaltsystem von Asphaltstraßen-decken *f*. 拖式沥青路面冷再生机
		hängende Recyclinganlage mit Kaltsystem von Asphaltstraßen-decken *f*. 悬挂式沥青路面冷再生机
	Recyclinganlage zur Asphaltemulsion *f*. 乳化沥青再生设备	fixe Recyclinganlage zur Asphaltemulsion *f*. 固定式乳化沥青再生设备
		fahrbare Recyclinganlage zur Asphaltemulsion *f*. 移动式乳化沥青再生设备
	Recyclinganlage zur Schaumasphalte *f*. 泡沫沥青再生设备	fixe Recyclinganlage zur Schaumasphalte *f*. 固定式泡沫沥青再生设备
		fahrbare Recyclinganlage zur Schaumasphalte *f*. 移动式泡沫沥青再生设备
	Abdichtmaschine für Splitt *f*. 碎石封层机	Abdichtmaschine für Splitt *f*. 碎石封层机
	Anrührzug mit Recyclingeinrichtung *m*. 就地再生搅拌列车	Anrührzug mit Recyclingeinrichtung *m*. 就地再生搅拌列车
	Straßenheizmaschine *f*. 路面加热机	Straßenheizmaschine *f*. 路面加热机
	Straßenheiz- und Anrührmaschine *f*. 路面加热复拌机	Straßenheiz- und Anrührmaschine *f*. 路面加热复拌机
	Grasmähanlage *f*. 割草机	Grasmähanlage *f*. 割草机
	Baumschere *f*. 树木修剪机	Baumschere *f*. 树木修剪机
	Straßenkehrer *m*. 路面清扫机	Straßenkehrer *m*. 路面清扫机

20

（续表）

Gruppe/组	Typ/型	Prudukt/产品
Straßendienst-maschinen *pl.* 路面养护机械	Reinigungsmaschine für Schutzgeländer *f.* 护栏清洗机	Reinigungsmaschine für Schutzgeländer *f.* 护栏清洗机
	Sicherheit am Bau Zeichen Auto *n.* 施工安全指示牌车	Sicherheit am Bau Zeichen Auto *n.* 施工安全指示牌车
	Kantenbobel *m.* 边沟修理机	Kantenbobel *m.* 边沟修理机
	Beleuchtungsanlage *f.* 夜间照明设备	Beleuchtungsanlage *f.* 夜间照明设备
	Reparaturmaschine für Straßenpflaster gegen Wasser *f.* 透水路面恢复机	Reparaturmaschine für Straßenpflaster gegen Wasser *f.* 透水路面恢复机
	Schiebepflugs-maschine *m.* 除冰雪机械	Schneefräse *f.* 转子式除雪机
		Schneepflug *m.* 梨式除雪机
		spiraler Schiebepflug *m.* 螺旋式除雪机
		kombinierter Schneeräumwagen *m.* 联合式除雪机
		Schiebepflugs-fahrzeug *n.* 除雪卡车
		Verteilermaschine mit Schnee-schmelzmittel *f.* 融雪剂撒布机
		Verdüsungsanlage mit Schnee-schmelzmittel *f.* 融雪液喷洒机
		Schiebepflugs mit Spritzanlage *m.* 喷射式除冰雪机
anderer Straßendeck enfertiger（*m.*）und anderen Straßendien stmaschinen（*pl.*）其他路面施工与养护机械		

21

7 Betonbaumaschine *f.* 混凝土机械

Gruppe/组	Typ/型	Prudukt/产品
Anrührmaschine *f.* 搅拌机	kegelförmiger Reversierbetonmischer *m.* 锥形反转出料式搅拌机	Betonmischer mit kegelförmigem reversierem Entlader und Zahnkranzantrieb *m.* 齿圈锥形反转出料混凝土搅拌机
		Betonmischer mit kegelförmigem reversierem Entlader und Reibantrieb *m.* 摩擦锥形反转出料混凝土搅拌机
		Betonmischer mit kegelförmigem reversierem Entlader und Brennkraftmaschinenantrieb *m.* 内燃机驱动锥形反转出料混凝土搅拌机
	Kippmischer *m.* 锥形倾翻出料式搅拌机	Betonmischer mit kegelförmigem Kippentlader und Zahnkranzantrieb *m.* 齿圈锥形倾翻出料混凝土搅拌机
		Betonmischer mit kegelförmigem Kippentlader und Reibantrieb *m.* 摩擦锥形倾翻出料混凝土搅拌机
		Vollhydraulik-Reifenlader *m.* 轮胎式全液压装载
	Paddelbetonmischmaschine *f.* 涡浆式混凝土搅拌机	Paddelbetonmischmaschine *f.* 涡浆式混凝土搅拌机
	Planetenbetonmischer *m.* 行星式混凝土搅拌机	Planetenbetonmischer *m.* 行星式混凝土搅拌机
	Einzelhorizontalbetonaufbreitungsanlage *f.* 单卧轴式搅拌机	Einwellenbetonmischer mit mechanischem Speiser *m.* 单卧轴式机械上料混凝土搅拌机
		Einwellenbetonmischer mit hydraulischem Speiser *m.* 单卧轴式液压上料混凝土搅拌机
	Doppelhorizontalwellenbetonmischmaschine *f.* 双卧轴式搅拌机	Doppelwellenbetonmischer mit mechanischem Speiser *m.* 双卧轴式机械上料混凝土搅拌机
		Doppelwellenbetonmischer mit hydraulischem Speiser *m.* 双卧轴式液压上料混凝土搅拌机
	Durchlaufmischer *m.* 连续式搅拌机	kontinuierlicher Betonmischer *m.* 连续式混凝土搅拌机

（续表）

Gruppe/组	Typ/型	Prudukt/产品
Betonmischturm *m.* 混凝土搅拌楼	kegelförmiger Reversierbetonmischturm *m.* 锥形反转出料式搅拌楼	kegelförmiger Reversierbetonmischturm mit Doppelhauptanlagen *m.* 双主机锥形反转出料混凝土搅拌楼
	Betonmischturm mit Kippenlader *m.* 锥形倾翻出料式搅拌楼	Betonmischturm mit kegelförmigem Kippentlader und Doppelhauptanlagen *m.* 双主机锥形倾翻出料混凝土搅拌楼
		Betonmischturm mit kegelförmigem Kippentlader und Dreihauptanlagen *m.* 三主机锥形倾翻出料混凝土搅拌楼
		Betonmischturm mit kegelförmigem Kippentlader und Vierhauptanlagen *m.* 四主机锥形倾翻出料混凝土搅拌楼
	Paddelbetonmischturm *m.* 涡桨式搅拌楼	Paddelbetonmischturm mit Einhauptanlagen *m.* 单主机涡桨式混凝土搅拌楼
		Paddelbetonmischturm mit Doppelhauptanlagen *m.* 双主机涡桨式混凝土搅拌楼
	Planetenbetonmischturm *m.* 行星式搅拌楼	Planetenbetonmischturm mit Einhauptanlagen *m.* 单主机行星式混凝土搅拌楼
		Planetenbetonmischturm mit Doppelhauptakagen *m.* 双主机行星式混凝土搅拌楼
	Einzelhorizontalwellenbetonmischwerk *n.* 单卧轴式搅拌楼	Einzelhorizontalwellenbetonmischwerk mit Einhauptanlagen *n.* 单主机单卧轴式混凝土搅拌楼
		Einzelhorizontalwellenbetonmischwerk mit Doppelhauptanlagen *n.* 双主机单卧轴式混凝土搅拌楼
	Doppel-Einzelhorizontalwellenbetonmischturm *m.* 双卧轴式搅拌楼	Doppel-Einzelhorizontalwellenbetonmischturm mit Einhauptanlagen *m.* 单主机双卧轴式混凝土搅拌楼
		Doppel-Einzelhorizontalwellenbetonmischturm mit Doppelhauptanlagen *m.* 双主机双卧轴式混凝土搅拌楼
	kontinuierliches Betonmischwerk *n.* 连续式搅拌楼	kontinuierliches Betonmischwerk *n.* 连续式混凝土搅拌楼

23

（续表）

Gruppe/组	Typ/型	Prudukt/产品
Beton-mischwerk n. 混凝土搅拌站	kegelförmiges Reversier-betonmischwerk n. 锥形反转出料式混凝土搅拌站	kegelförmiges Reversierbetonmischwerk n. 锥形反转出料式混凝土搅拌站
	Betonmischstation mit Kippenlader f. 锥形倾翻出料式混凝土搅拌站	Betonmischstation mit Kippenlader f. 锥形倾翻出料式混凝土搅拌站
	Paddelbeton-mischwerk n. 涡桨式混凝土搅拌站	Paddelbetonmischwerk n. 涡桨式混凝土搅拌站
	Planetenbeton-mischwerk n. 行星式混凝土搅拌站	Planetenbetonmischwerk n. 行星式混凝土搅拌站
	Einzelhorizontalwellen-betonmischstation f. 单卧轴式混凝土搅拌站	Einzelhorizontalwellen-betonmischstation f. 单卧轴式混凝土搅拌站
	Betonmischstation mit doppelten Horizontalwellen f. 双卧轴式混凝土搅拌站	Betonmischstation mit doppelten Horizontalwellen f. 双卧轴式混凝土搅拌站
	kontinuierliche Betonmischstation f. 连续式混凝土搅拌站	kontinuierliche Betonmischstation f. 连续式混凝土搅拌站
Beton-mischwagen m. 混凝土搅拌运输车	selbstfahrender Betonmischwagen m. 自行式搅拌运输车	Betonmischwagen mit Flugrad m. 飞轮取力混凝土搅拌运输车
		Betonwagenmischer mit fronten Kraftübertragung m. 前端取力混凝土搅拌运输车
		Betonwagenmischer mit Einmotorantriebssystem m. 单独驱动混凝土搅拌运输车
		Betonwagenmischer mit Frontenlader m. 前端卸料混凝土搅拌运输车
		Betonmischerfahrzeug mit Förderband m. 带皮带输送机混凝土搅拌运输车

24

Gruppe/组	Typ/型	Prudukt/产品
Beton- mischwagen *m*. 混凝土搅拌 运输车	selbstfahrender Betonmischwagen *m*. 自行式搅拌运输车	Betonmischwagen mit Zuführvorrichtung *m*. 带上料装置混凝土搅拌运输车
		Betonmischfahrzeug mit Betonpumpe und Ausleger *n*. 带臂架混凝土泵混凝土搅拌运输车
		Betonmischwagen mit Kippmechanismus *m*. 带倾翻机构混凝土搅拌运输车
	geschleppter Betonmischwagen *m*. 拖式	geschleppter Betonmischwagen *m*. 混凝土搅拌运输车
Betonpumpe *f*. 混凝土泵	fixe Pumpe *f*. 固定式泵	fixe Betonpumpe *f*. 固定式混凝土泵
	geschleppte Pumpe *f*. 拖式泵	geschleppte Betonpumpe *f*. 拖式混凝土泵
	Betonpumpenwagen *m*. 车载式泵	Betonpumpenwagen *m*. 车载式混凝土泵
Betonverteilermast *m*. 混凝土布料杆	rollbarer Verteilermast *m*. 卷折式布料杆	rollbarer Betonverteilermast *m*. 卷折式混凝土布料杆
	Z-faltbarer Verteilermast *m*. "Z"形折叠式布料杆	Z-faltbarer Betonverteilermast *m*. "Z"形折叠式混凝土布料杆
	teleskopierbarer Verteilermast *m*. 伸缩式布料杆	teleskopierbarer Betonverteilermast *m*. 伸缩式混凝土布料杆
	kombinierter Verteilermast *m*. 组合式布料杆	roll- und Z-faltbarer Betonverteilermast *m*. 卷折"Z"形折叠组合式混凝土布料杆
		Z-faltbarer und teleskopierbarer Betonverteilermast *m*. "Z"形折叠伸缩组合式混凝土布料杆
		rollbarer und teleskopierbarer Betonverteilermast *m*. 卷折伸缩组合式混凝土布料杆
Betonpumpen- wagen mit Ausleger *m*. 臂架式混凝土泵车	kompletter Betonpumpenwagen *m*. 整体式泵车	kompletter Betonpumpenwagen mit Ausleger *m*. 整体式臂架式混凝土泵车

25

Gruppe/组	Typ/型	Prudukt/产品
Betonpumpen-wagen mit Ausleger *m*. 臂架式混凝土泵车	Aufliegeanhänger für Betonpumpe *m*. 半挂式泵车	Aufliegeanhänger für Betonpumpe mit Ausleger *m*. 半挂式臂架式混凝土泵车
	Mehrachs-Anhänger für Betonpumpe *m*. 全挂式泵车	Mehrachs-Anhänger für Betonpumpe mit Ausleger *m*. 全挂式臂架式混凝土泵车
Betoneinpreß-maschine *f*. 混凝土喷射机	Trommelspritzmaschine *f*. 缸罐式喷射机	Trommelspritzmaschine *f*. 缸罐式混凝土喷射机
	Schneckenspritz-maschine *f*. 螺旋式喷射机	Schneckenspritzmaschine für Beton *f*. 螺旋式混凝土喷射机
	Rotorbetonkanone *f*. 转子式喷射机	Beton-Rotorspritzmaschine *f*. 转子式混凝土喷射机
Betonspritz-manipulator *m*. 混凝土喷射机械手	Betonspritz-manipulator *m*. 混凝土喷射机械手	Betonspritzmanipulator *m*. 混凝土喷射机械手
Betonspritzbogie *m*. 混凝土喷射台车	Betonspritzbogie *m*. 混凝土喷射台车	Betonspritzbogie *m*. 混凝土喷射台车
Betonier-maschine *f*. 混凝土浇注机	schienenfahrende Betongießmaschine *f*. 轨道式浇注机	schienenfahrende Betongießmaschine *f*. 轨道式混凝土浇注机
	gummibereifte Betongießmaschine *f*. 轮胎式浇注机	gummibereifte Betongießmaschine *f*. 轮胎式混凝土浇注机
	stationäre Betongießmaschine *f*. 固定式浇注机	stationäre Betongießmaschine *f*. 固定式混凝土浇注机
Betonrüttelapparat *m*. 混凝土振动器	Betonrüttelapparat mit Innenschwinger *m*. 内部振动式振动器	Elektro-Betonvibrator mit planetrisch steckbarer Weichwelle *m*. 电动软轴行星插入式混凝土振动器
		Elektro-Betonvibrator mit exzentrisch steckbarer Weichwelle *m*. 电动软轴偏心插入式混凝土振动器
		Diesel-Betonrüttler mit gesteckter planetrischer Weichwelle *m*. 内燃软轴行星插入式混凝土振动器
		Betonvibrator mit eingebautem Motor *m*. 电机内装插入式混凝土振动器

（续表）

Gruppe/组	Typ/型	Prudukt/产品
Betonrüttelapparat *m*. 混凝土振动器	Betonrüttelapparat mit Außenschwinger *m*. 外部振动式振动器	Betonrüttelplatte *f*. 平板式混凝土振动器
		angefügter Betonvibrator *m*. 附着式混凝土振动器
		einseitiger angefügter Betonvibrator *m*. 单向振动附着式混凝土振动器
Betonrütteltisch *m*. 混凝土振动台	Betonrütteltisch *m*. 混凝土振动台	Betonrütteltisch *m*. 混凝土振动台
Transportwagen mit Luftentlader für Losezement *m*. 气卸散装水泥运输车	Transportwagen mit Luftentlader für Losezement *m*. 气卸散装水泥运输车	Transportwagen mit Luftentlader für Losezement *m*. 气卸散装水泥运输车
Betonreinigungs- und Recyclingstation *f*. 混凝土清洗回收站	Betonreinigungs- und Recyclingstation *f*. 混凝土清洗回收站	Betonreinigungs- und Recyclingstation *f*. 混凝土清洗回收站
Betondosieranlage *f*. 混凝土配料站	Betondosieranlage *f*. 混凝土配料站	Betondosieranlage *f*. 混凝土配料站
andere Betonbaumaschine *f*. 其他混凝土机械		

8 Aushubmaschine *f*. 掘进机械

Gruppe/组	Typ/型	Prudukt/产品
Tunnelvortriebs- maschine für Vollabschnitt *f*. 全断面隧道掘进机	Schildvortriebs- maschine *f*. 盾构机	Erddruckschild mit Wagenförderung *m*. 土压平衡式盾构机
		Schlammdruck ausgeglichene Schildvortriebsmaschine *f*. 泥水平衡式盾构机
		Schildvortriebsmaschine für Schlamm *f*. 泥浆式盾构机
		Schildvortriebsmaschine für Schlammumgebung 泥水式盾构机
		nicht kreisförmige Schildvortriebsmaschine *f*. 异型盾构机

27

Gruppe/组	Typ/型	Pruduct/产品
Tunnelvortriebs-maschine für Vollabschnitt *f*. 全断面隧道掘进机	Gestein- TBM (Tunnelbohrmaschine) *f*. 硬岩掘进机（TBM）	Gestein- TBM (Tunnelbohrmaschine) *f*. 硬岩掘进机
	kombinierte Aushubmaschine *f*. 组合式掘进机	kombinierte Aushubmaschine *f*. 组合式掘进机
Trenchless Ausrüstung *f*. 非开挖设备	horizontaler gerichter Bohreinsatz *m*. 水平定向钻	horizontaler gerichter Bohreinsatz *m*. 水平定向钻
	Rohrvorschub-einrichtung *f*. 顶管机	Erddruck ausgeglichene Rohrvorschubeinrichtung *f*. 土压平衡式顶管机
		Schlammdruck ausgeglichene Rohrvorschubeinrichtung *f*. 泥水平衡式顶管机
		Schlammtransport- Rohrvorschub-einrichtung *f*. 泥水输送式顶管机
Tunnelbohr-maschine *f*. 巷道掘进机	Tunnelbohr-maschine mit Ausleger *f*. 悬臂式岩巷掘进机	Tunnelbohrmaschine mit Ausleger *f*. 悬臂式岩巷掘进机
andere Aushub-maschine *f*. 其他掘进机械		

9　Pfahlrammaschine *f*. 桩工机械

Gruppe/组	Typ/型	Pruduct/产品名称
Dieselbär *m*. 柴油打桩锤	rohrförmiger Dieselbären *m*. 筒式打桩锤	rohrförmiger Dieselbären mit Wasserkühlsystem *m*. 水冷筒式柴油打桩锤
		rohrförmiger Dieselbären mit Luftkühlsystem *m*. 风冷筒式柴油打桩锤
	Dieselpfahlramme mit Führungsschiene *f*. 导杆式打桩锤	Dieselpfahlramme mit Führungsschiene *f*. 导杆式柴油打桩锤

（续表）

Gruppe/组	Typ/型	Prudukt/产品名称
Hydraulik-hammer *m*. 液压锤	Hydraulikhammer *m*. 液压锤	Hydraulikhammer *m*. 液压打桩锤
Rüttelhammer der Einramm-vorrichtung *m*. 振动桩锤	mechanischer Rüttelhammer für Pfahl *m*. 机械式桩锤	genormter Schwinghammer *m*. 普通振动桩锤
		Vibrationshammer mit Drehmomenteinsteller *m*. 变矩振动桩锤
		Vibrationshammer mit Frequenzumrichter *m*. 变频振动桩锤
		Vibrationshammer mit Drehmomenteinsteller und Frequenzumrichter *m*. 变矩变频振动桩锤
	Rüttelhammer der Einrammvorrichtung mit Hydraulikmotor *m*. 液压马达式桩锤	Rüttelhammer der Einrammvorrichtung mit Hydraulikmotor *m*. 液压马达式振动桩锤
	hydraulischer Pfahlhammer *m*. 液压式桩锤	hydraulischer Rüttelhammer der Einrammvorrichtung *m*. 液压振动锤
Rammgerüst *n*. 桩架	Rohrrammgerüst von Dieselhammer *n*. 走管式桩架	Rohrrammgerüst von Dieselhammer *n*. 走管式柴油打桩架
	schienenfahrendes Rammgerüst *n*. 轨道式桩架	Rammgerüst mit Führungsschiene von Dieselhammer *n*. 轨道式柴油锤打桩架
	Raupenrammgerüst *n*. 履带式桩架	Rammgerüst mit dreipunktgestützen Raupen von Dieselhammer *n*. 履带三支点式柴油锤打桩架
	schrittweiser Pfahlrahmen *m*. 步履式桩架	schrittweiser Pfahlrahmen *m*. 步履式桩架
	Rammgerüst mit Hängeraupen *n*. 悬挂式桩架	Rammgerüst mit Hängeraupen von Dieselhammer *n*. 履带悬挂式柴油锤桩架

29

Gruppe/组	Typ/型	Pruduct/产品名称
Pfahlramme *f.* 压桩机	mechanische Pfahlramme *f.* 机械式压桩机	mechanische Pfahlramme *f.* 机械式压桩机
	hydraulische Pfahlpresse *f.* 液压式压桩机	hydraulische Pfahlpresse *f.* 液压式压桩机
Bohrmaschine *f.* 成孔机	Schnecken-Bohrmaschine *f.* 螺旋式成孔机	Erdbohrmaschine mit Vollschnecke *f.* 长螺旋钻孔机
		Quetsch-Erdbohrmaschine mit Vollschnecke *f.* 挤压式长螺旋钻孔机
		Erdbohrmaschine mit Vollschnecke und Aufsteckrohr *f.* 套管式长螺旋钻孔机
		kurz Bohrmaschine *f.* 短螺旋钻孔机
	Unterwasserbohrmaschine *f.* 潜水式成孔机	Unterwasserbohrmaschine *f.* 潜水钻孔机
	Bohrmaschine mit Bohrschaufel *f.* 正反回转式成孔机	Bohrmaschine mit Drehkranz *f.* 转盘式钻孔机
		Antriebskopf für Bohrmaschine *f.* 动力头式钻孔机
	Stanzengreifer *m.* 冲抓式成孔机	Stanzengreifer *m.* 冲抓成孔机
	Bohrmaschine mit Hüllrohr *f.* 全套管式成孔机	Bohrmaschine mit Hüllrohr *f.* 全套管钻孔机
	Ankerbohrmaschine *f.* 锚杆式成孔机	Ankerbohrmaschine *f.* 锚杆钻孔机
	schrittweise Bohrmaschine *f.* 步履式成孔机	schrittweises Drehbohrgeräst *f.* 步履式旋挖钻孔机
	Raupenbohrmaschine *f.* 履带式成孔机	drehbare Raupenbohranlage *f.* 履带式旋挖钻孔机
	Wagen-Bohrmaschine *f.* 车载式成孔机	drehbare Wagen-Bohrmaschine *f.* 车载式旋挖钻孔机
	Mehrachs-Bohrmaschine *f.* 多轴式成孔机	Mehrachs-Bohrmaschine *f.* 多轴钻孔机

（续表）

Gruppe/组	Typ/型	Prudukt/产品名称
unterirdische kontinuierliche Wandform- maschine *f*. 地下连续墙 成槽机	Wandformmaschine mit Drahtseil *f*. 钢丝绳式成槽机	Schlitzwandgerät mit Seilgreifer *n*. 机械式连续墙抓斗
	Wandformmaschine mit Führungsstange *f*. 导杆式成槽机	hydraulischer Schlitzwandgreifer *m*. 液压式连续墙抓斗
	Wandformmaschine mit Halbführungsstange *f*. 半导杆式成槽机	hydraulischer Schlitzwandgreifer *m*. 液压式连续墙抓斗
	Fräse- Wandformmaschine *f*. 铣削式成槽机	Fräse- Wandformmaschine mit Doppeltrommeln *f*. 双轮铣成槽机
	Wandformmaschine mit Aufrührer *f*. 搅拌式成槽机	Aufrührer mit Doppelteommwln *m*. 双轮搅拌机
	Unterwasserwandform- maschine *f*. 潜水式成槽机	vertikale Mehrachs- Unterwasserwandformmaschine *f*. 潜水式垂直多轴成槽机
Freifallramme *f*. 落锤打桩机	mechanische Pfahlramme *f*. 机械式打桩机	mechanische Pfahlramme mit Fallhammer *f*. 机械式落锤打桩机
	Pfahlramme mit Flansch *f*. 法兰克式打桩机	Pfahlramme mit Flansch *f*. 法兰克式打桩机
Verstärkungs- maschine für weiche Grundlage *f*. 软地基加固机械	vibroverdichtete Verstärkungsmaschine *f*. 振冲式加固机械	Wasser rüttelnder Vibrator *m*. 水冲式振冲器
		Trockenbremse *f*. 干式振冲器
	Verstärkungsmaschine mit Einlegeplatten *f*. 插板式加固机械	Ramme mit Einlegeplatten *f*. 插板桩机
	Bodenbehandlungs- maschine mit Dynamikverdichtung *f*. 强夯式加固机械	Dynamikverdichtung *f*. 强夯机
	Verstärkungsmaschine mit Rüttelapparat *f*. 振动式加固机械	Sandstapelmaschine *f*. 砂桩机
	Verstärkungsmaschine mit Drehdüsen *f*. 旋喷式加固机械	Verstärkungsmaschine mit Drehdüsen für weiche Grundlage *f*. 旋喷式软地基加固机

Gruppe/组	Typ/型	Prudukt/产品名称
Verstärkungs-maschine für weiche Grundlage *f*. 软地基加固机械	Verfugen einer tiefen Mischverstärkungs-maschine *f*. 注浆式深层搅拌式加固机械	Verfugen einachsigen Typs tief Mischer *m*. 单轴注浆式深层搅拌机
		Multi-Achsen-Verguss Stil tiefe Mischer *m*. 多轴注浆式深层搅拌机
	Pulverstrahl gerührt tiefe Verstärkungmaschine *f*. 粉体喷射式深层搅拌式加固机械	Uniaxiale Pulverausstoß tiefe Mischer *m*. 单轴粉体喷射式深层搅拌机
		Mehrachsiger Pulverstrahl-Tiefmischer *m*. 多轴粉体喷射式深层搅拌机
Rücklademaschine für Boden *f*. 取土器	Rücklademaschine für Boden mit dicker Wand *f*. 厚壁取土器	Rücklademaschine für Boden mit dicker Wand *f*. 厚壁取土器
	oben offener Rücklademaschine für Boden mit dünner Wand *f*. 敞口薄壁取土器	oben offener Rücklademaschine für Boden mit dünner Wand *f*. 敞口薄壁取土器
	freier dünnerwandiger Erdkreditnehmer mit Kolben *m*. 自由活塞薄壁取土器	freier dünnerwandiger Erdkreditnehmer mit Kolben *m*. 自由活塞薄壁取土器
	fixe dünnerwandiger Erdkreditnehmer mit Kolben *m*. 固定活塞薄壁取土器	fixer dünnerwandiger Erdkreditnehmer mit Kolben *m*. 固定活塞薄壁取土器
	fester Wasserdruck-Erdkreditnehmer mit dünne Wand *m*. 水压固定薄壁取土器	fester Wasserdruck-Erdkreditnehmer mit dünne Wand *m*. 水压固定薄壁取土器
	Sampler mit dünnwandiger Schuhverlängerung *m*. 束节式取土器	Sampler mit dünnwandiger Schuhverlängerung *m*. 束节式取土器
	Löss-Erdkreditnehmer *m*. 黄土取土器	Löss-Erdkreditnehmer *m*. 黄土取土器

（续表）

Gruppe/组	Typ/型	Prudukt/产品名称
Rücklademaschine für Boden *f.* 取土器	Drehrohr-Drehwirbel *m.* 三重管回转式取土器	Dreifachrohr Schwenktyp-Drehgreifer *m.* 三重管单动回转取土器
		Dreirohr-starres Drehbohrgerät *n.* 三重管双动回转取土器
	Rücklademaschine für Sand *f.* 取沙器	Rücklademaschine für Sand *f.* 原状取沙器
andere Pfahlram-maschine *f.* 其他桩工机械		

10 Kommunalbau- und Umweltschutzmaschine *f.*
市政与环卫机械

Gruppe/组	Typ/型	Prudukt/产品
Umweltschutz-maschine *f.* 环卫机械	Straßenkehrmaschine *f.* 扫路车（机）	Straßenkehrer *m.* 扫路车
		Straßenkehrmaschine *f.* 扫路机
	Staubableiter *m.* 吸尘车	Staubableiter *m.* 吸尘车
	Waschen-Wagen *m.* 洗扫车	Waschen-Wagen *m.* 洗扫车
	Wagen mit Reiniger *m.* 清洗车	Wagen mit Reiniger *m.* 清洗车
		Reinigungswagen für Schutzgeländer *m.* 护栏清洗车
		Reinigungswagen für Wand *m.* 洗墙车
	Wasserspritzwagen *m.* 洒水车	Wasserspritzwagen *m.* 洒水车
		Wasserspritz- Reinigungswagen *m.* 清洗洒水车
		mobiler Baumspritzer *m.* 绿化喷洒车
	Saugwagen für Exkremente *m.* 吸粪车	Saugwagen für Exkremente *m.* 吸粪车

33

Gruppe/组	Typ/型	Prudukt/产品
Umweltschutz-maschine *f*. 环卫机械	Toilettenwagen *m*. 厕所车	Toilettenwagen *m*. 厕所车
	Abfuhrwagen *m*. 垃圾车	Kompression-Müllwagen *m*. 压缩式垃圾车
		Abfuhrwagen mit Selbstentladesystem *m*. 自卸式垃圾车
		Müllkraftwagen *m*. 垃圾收集车
		Müllkraftwagen mit Selbstentladesystem *m*. 自卸式垃圾收集车
		Dreiradmüllkraftwagen *m*. 三轮垃圾收集车
		Selbstladeanhänger- Abfuhrwagen *m*. 自装卸式垃圾车
		Abfuhrwagen mit Schwenkarm *m*. 摆臂式垃圾车
		abnehmbarer Müllwagen *m*. 车厢可卸式垃圾车
		klassifizierter Müllwagen *m*. 分类垃圾车
		klassifizierter Kompression Müllwagen *m*. 压缩式分类垃圾车
		Mülltransferfahrzeug *n*. 垃圾转运车
		in-Fässer-gefüllter Mülltransferfahrzeug *n*. 桶装垃圾运输车
		Küchenmüllwagen *m*. 餐厨垃圾车
		medizinischer Müllwagen *m*. 医疗垃圾车
	Abfallbehandlungs-maschine *f*. 垃圾处理设备	Müllkompressor *m*. 垃圾压缩机
		Müll- Planierraupe mit Raupenfahrwerk *f*. 履带式垃圾推土机
		Müll- Bagger mit Raupenfahrwerk *m*. 履带式垃圾挖掘机

34

（续表）

Gruppe/组	Typ/型	Pruduct/产品
Umweltschutz-maschine *f*. 环卫机械	Abfallbehandlungs-maschine *f*. 垃圾处理设备	Fahrzeug zur Deponiesickerwasseraufbereitung *n*. 垃圾渗滤液处理车
		Abfallumschlagstation Ausrüstung *f*. 垃圾中转站设备
		Müllsortierer *m*. 垃圾分拣机
		Müllverbrennungsanlage *f*. 垃圾焚烧炉
		Müllbrecher *m*. 垃圾破碎机
		Ausrüstung für die Abfallkompostierung *f*. 垃圾堆肥设备
		Abfalldeponiemaschine *f*. 垃圾填埋设备
Kommunalbau-maschine *f*. 市政机械	Rohrbagger-Maschine *f*. 管道疏通机械	Abwassertankwagen *m*. 吸污车
		Abwassertankwagen mit Reinigungsmaschinen *m*. 清洗吸污车
		Kanalinternes Wartungsfahrzeug *n*. 下水道综合养护车
		Kanalisationsbaggerfahrzeug *n*. 下水道疏通车
		Reinigungsfahrzeug für Kanalisation *n*. 下水道疏通清洗车
		Tiefeaufreißer *m*. 掏挖车
		Ausrüstung zur Inspektion und Reparatur von Kanälen *f*. 下水道检查修补设备
		Schlammtankwagen *m*. 污泥运输车
	elektrische Masteinbettungs-maschine *f*. 电杆埋架机械	elektrische Masteinbettungsmaschine *f*. 电杆埋架机械
	Rohrverleger *m*. 管道铺设机械	Rohrleger *m*. 铺管机

(续表)

Gruppe/组	Typ/型	Prudukt/产品
Anlage für Park und Autowaschen f. 停车洗车设备	vertikale Zirkulation für Parksystem f. 垂直循环式停车设备	niedrigere Ein- und Ausfahrtparkanlage mit vertikale Umlaufart f. 垂直循环式下部出入式停车设备
		Einparkvorrichtung mit vertikaler Zirkulation f. 垂直循环式中部出入式停车设备
		obere Ein- und Ausfahrtparkanlage mit vertikale Umlaufart f. 垂直循环式上部出入式停车设备
	mehrschichtige Zirkulation für Parksystem f. 多层循环式停车设备	Mehrschicht-Parkanlage mit rundlichem Kreislaufsystem f. 多层圆形循环式停车设备
		Mehrschicht-Parkanlage mit rechteckigem Kreislaufsystem f. 多层矩形循环式停车设备
	horizontale Zirkulation für Parksystem f. 水平循环式停车设备	Parkanlage mit horizontaler und rundlicher Zirkulation f. 水平圆形循环式停车设备
		Parkanlage mit horizontaler und rundlicher Zirkulation f. 水平矩形循环式停车设备
	Parkanlage mit Aufzug f. 升降机式停车设备	Parkanlage mit längslaufendem Aufzug f. 升降机纵置式停车设备
		Parkanlage mit Queraufzug f. 升降机横置式停车设备
		Parkanlage mit Rundaufzug f. 升降机圆置式停车设备
	fahrbare Parkanlage mit Aufzug f. 升降移动式停车设备	fahrbare Parkanlage mit längslaufendem Aufzug f. 升降移动纵置式停车设备
		fahrbare Parkanlage mit Queraufzug f. 升降移动横置式停车设备
	erwidernde Flachparkanlage f. 平面往复式停车设备	erwidernde Flachparkanlage mit Transportvorrichtung f. 平面往复搬运式停车设备
		erwidernde Flachparkanlage mit Transportvorrichtung und Abstelleinrichtung f. 平面往复搬运收容式停车设备

（续表）

Gruppe/组	Typ/型	Pruadukt/产品
Anlage für Park und Autowaschen *f.* 停车洗车设备	zweischichtige Parkanlage *f.* 两层式停车设备	zweischichtige Parkanlage mit Aufzug *f.* 两层升降式停车设备
		zweischichtige Parkanlage mit fahrbarem Queraufzug *f.* 两层升降横移式停车设备
	mehrschichtige Parkanlage *f.* 多层式停车设备	mehrschichtige Parkanlage mit Aufzug *f.* 多层升降式停车设备
		mehrschichtige Parkanlage mit fahrbarem Queraufzug *f.* 多层升降横移式停车设备
	Parkanlage mit Drehtisch für Wagen *f.* 汽车用回转盘停车设备	drehbarer Drehtisch für Wagen *m.* 旋转式汽车用回转盘
		drehbarer und fahrbarer Drehtisch für Wagen *m.* 旋转移动式汽车用回转盘
	Parkanlage mit Aufzug für Wagen *f.* 汽车用升降机停车设备	Aufzug für Wagen *m.* 升降式汽车用升降机
		drehbarer Aufzug für Wagen *m.* 升降回转式汽车用升降机
		fahrbarer Queraufzug für Wagen *m.* 升降横移式汽车用升降机
	Parkanlage mit Drehplattform *f.* 旋转平台停车设备	Drehplattform *f.* 旋转平台
	Autowaschmaschinen *f.* 洗车场机械设备	Autowaschmaschine *f.* 洗车场机械设备
Gartenbau-maschine *f.* 园林机械	Lochstecher für Baumpflanzen *m.* 植树挖穴机	selbsfahrender Lochstecher für Baumpflanzen *m.* 自行式植树挖穴机
		handhaltbarer Lochstecher für Baumpflanzen *m.* 手扶式植树挖穴机
	Pflanzenwagen *m.* 树木移植机	selbstfahrender Pflanzenwagen *m.* 自行式树木移植机
		angetriebener Pflanzenwagen *m.* 牵引式树木移植机
		abgehängter Pflanzenwagen *m.* 悬挂式树木移植机

37

（续表）

Gruppe/组	Typ/型	Prudukt/产品
Gartenbau-maschine *f*. 园林机械	Transportmaschine für Baum *f*. 运树机	Anhänger mit Mehrwagenkasten für Baum 多斗拖挂式运树机
	mobiler Baumspritzer für Multifunktion *m*. 绿化喷洒多用车	mobiler Baumspritzer mit hydraulischem Druckspritzen für Multifunktion *m*. 液力喷雾式绿化喷洒多用车
	Mähmaschine *f*. 剪草机	schiebbare Drehmähmaschine *f*. 手推式旋刀剪草机
		geschleppte zylinderrasenmähmaschine *f*. 拖挂式滚刀剪草机
		Zylinderrasenmähmaschine mit sitz *f*. 乘座式滚刀剪草机
		selbstfahrende zylinderrasenmähmaschine *f*. 自行式滚刀剪草机
		schiebbare zylinderrasenmähmaschine *f*. 手推式滚刀剪草机
		selbstfahrender Schwingrasenmäher *m*. 自行式往复剪草机
		schiebbarer Schwingrasenmäher *m*. 手推式往复剪草机
		Balkenmäher *m*. 甩刀式剪草机
		Luftkissenrasenmäher *m*. 气垫式剪草机
Unterhaltungs-ausrüstung *f*. 娱乐设备	Auto-Unterhaltungs-gerät *n*. 车式娱乐设备	kleiner Rennwagen *m*. 小赛车
		Autoscooter *m*. 碰碰车
		Besichtigungswagen *m*. 观览车
		Batteriewagen *m*. 电瓶车
		Tourenwagen *m*. 观光车

（续表）

Gruppe/组	Typ/型	Prudukt/产品
Unterhaltungs-ausrüstung *f.* 娱乐设备	Wasserunterhaltungs-gerät *n.* 水上娱乐设备	Batterieboot *n.* 电瓶船
		Tretboot *n.* 脚踏船
		Bootscooter *m.* 碰碰船
		Boot gegenüber Torrent *n.* 激流勇进船
		Wasseryacht *f.* 水上游艇
	Unterhaltungsgerät auf Grund *n.* 地面娱乐设备	Unterhaltungsmaschine *f.* 游艺机
		Trampolin *n.* 蹦床
		Karussell *n.* 转马
		biltzschnelle Maschine *f.* 风驰电掣
	fliegende Unterhaltungsausrüstung *f.* 腾空娱乐设备	rotierendes selbstgesteuertes Flugzeug *n.* 旋转自控飞机
		Mondrakete *f.* 登月火箭
		drehbarer Drehstuhl am Himmel *m.* 空中转椅
		Kosmisches Reisen *n.* 宇宙旅行
	andere Unterhaltungsausrüstung *f.* 其他娱乐设备	andere Unterhaltungsausrüstung *f.* 其他娱乐设备
andere Kommunalbau- und Umweltschutz-maschine *f.* 其他市政与环卫机械		

39

11　Betonsteinanlage *f*.　混凝土制品机械

Gruppe/组	Typ/型	Prudukt/产品
Betonstein-herstellungs-maschine *f*. 混凝土砌块成型机	fahrbare Betonstein-herstellungsmaschine *f*. 移动式	fahrbare Betonsteinherstellungs-maschine mit hydraulischem Stripper *f*. 移动式液压脱模混凝土砌块成型机
		fahrbare Betonsteinherstellungs-maschine mit mechanischem Stripper *f*. 移动式机械脱模混凝土砌块成型机
		fahrbare Betonsteinherstellungs-maschine mit manueller Vorrichtung zum Enthaken *f*. 移动式人工脱模混凝土砌块成型机
	fixe Betonstein-herstellungsmaschine *f*. 固定式	fixe Betonsteinherstellungsmaschine mit modellschwingendem und hydraulischem Stripper *f*. 固定式模振液压脱模混凝土砌块成型机
		fixe Betonsteinherstellungsmaschine mit modellschwingendem und mechanischem Stripper *f*. 固定式模振机械脱模混凝土砌块成型机
		fixe Betonsteinherstellungsmaschine mit modellschwingendem und manuellem Stripper *f*. 固定式模振人工脱模混凝土砌块成型机
		fixe Betonsteinherstellungsmaschine mit tischschwingendem und hydraulischem Stripper *f*. 固定式台振液压脱模混凝土砌块成型机
		fixe Betonsteinherstellungsmaschine mit tischschwingendem und mechanischem Stripper *f*. 固定式台振机械脱模混凝土砌块成型机
		fixe Betonsteinherstellungsmaschine mit tischschwingendem und manuellem Stripper *f*. 固定式台振人工脱模混凝土砌块成型机

(续表)

Gruppe/组	Typ/型	Prudukt/产品
Betonstein-herstellungs-maschine *f.* 混凝土砌块成型机	Lamenierungsbeton-steinherstellungs-maschine *f.* 叠层式	Lamenierungsbeton-steinherstellungsmaschine *f.* 叠层式混凝土砌块成型机
	Maschine für schichtweise Betonsteinherstellung *f.* 分层布料式	Maschine für schichtweise Betonsteinherstellung *f.* 分层布料式混凝土砌块成型机
komplette Ausrüstungen für Betonstein-herstellung *pl.* 混凝土砌块生产成套设备	automatische komplette Ausrüstungen für Betonsteinherstellung *f.* 全自动	automatische tischschwingende komplette Ausrüstungen für Betonsteinherstellung *f.* 全自动台振混凝土砌块生产线
		automatische modellschwingende komplette Ausrüstungen für Betonsteinherstellung *f.* 全自动模振混凝土砌块生产线
	halbautomatische komplette Ausrüstungen für Betonsteinherstellung *f.* 半自动	halbautomatische tischschwingende komplette Ausrüstungen für Betonsteinherstellung *f.* 半自动台振混凝土砌块生产线
		halbautomatische modellschwingende komplette Ausrüstungen für Betonsteinherstellung *f.* 半自动模振混凝土砌块生产线
	Einfachbetonstein-herstellungsausrüstung *f.* 简易式	tischschwingende Einfachbetonstein-herstellungsausrüstung *f.* 简易台振混凝土砌块生产线
		modellschwingende Einfachbetonstein-herstellungsausrüstung *f.* 简易模振混凝土砌块生产线
komplette Ausrüstungen für Porenbeton-steinherstellung *f.* 加气混凝土砌块成套设备	komplette Ausrüstungen für Porenetonstein-herstellung *f.* 加气混凝土砌块设备	komplette Ausrüstungen für Porenetonsteinherstellung *f.* 加气混凝土砌块生产线
komplette Ausrüstungen für schaumbeton-steinherstellung *f.* 泡沫混凝土砌块成套设备	komplette Ausrüstungen für schaumbetonstein-herstellung *f.* 泡沫混凝土砌块设备	komplette Ausrüstungen für schaumbetonsteinherstellung *f.* 泡沫混凝土砌块生产线

Gruppe/组	Typ/型	Prudukt/产品
Formmaschine für Beton-Hohlblockstein *f*. 混凝土空心板成型机	Schneckenpresse für die Herstellung der Betonhohlplatte *f*. 挤压式	Außzitter- Einblockschneckenpresse für die Herstellung der Betonhohlplatte *f*. 外振式单块混凝土空心板挤压成型机
		Außzitter- Doppelblockschneckenpresse für die Herstellung der Betonhohlplatte *f*. 外振式双块混凝土空心板挤压成型机
		Einblockschneckenpresse mit Flanschenrüttler für die Herstellung der Betonhohlplatte *f*. 内振式单块混凝土空心板挤压成型机
		Doppelblockschnecken-presse mit Flanschenrüttler für die Herstellung der Betonhohlplatte *f*. 内振式双块混凝土空心板挤压成型机
	Extruder für die Herstellung der Betonhohlplatte *m*. 推压式	Außzitter- Einblockextruder für die Herstellung der Betonhohlplatte *m*. 外振式单块混凝土空心板推压成型机
		Außzitter- Doppelblockextruder für die Herstellung der Betonhohlplatte *m*. 外振式双块混凝土空心板推压成型机
		Innenzitter- Einblockextruder für die Herstellung der Betonhohlplatte *m*. 内振式单块混凝土空心板推压成型机
		Innenzitter- Doppelblockextruder für die Herstellung der Betonhohlplatte *m*. 内振式双块混凝土空心板推压成型机
	Formabhebe-vorrichtung für die Herstellung der Betonhohlplatte *f*. 拉模式	selbstfahrende Formabhebe-vorrichtung mit Außenrüttler für die Herstellung der Betonhohlplatte *f*. 自行式外振混凝土空心板拉模成型机
		angetriebene Formabhebe-vorrichtung mit Außenrüttler für die Herstellung der Betonhohlplatte *f*. 牵引式外振混凝土空心板拉模成型机
		selbstfahrende Formabhebe-vorrichtung mit Innenrüttler für die Herstellung der Betonhohlplatte *f*. 自行式内振混凝土空心板拉模成型机

42

（续表）

Gruppe/组	Typ/型	Prudukt/产品
Formmaschine für Beton-Hohlblockstein *f.* 混凝土空心板成型机	Formabhebe-vorrichtung für die Herstellung der Betonhohlplatte *f.* 拉模式	angetriebene Formabhebe-vorrichtung mit Inenrüttler für die Herstellung der Betonhohlplatte *f.* 牵引式内振混凝土空心板拉模成型机
Formmaschine für Betonfertigteil *f.* 混凝土构件成型机	Formmaschine mit Plattformrüttler *f.* 振动台式成型机	Formmaschine mit elektrischer Plattformrüttler für Betonfertigteil *f.* 电动振动台式混凝土构件成型机
		Formmaschine mit pneumatischer Plattformrüttler für Betonfertigteil *f.* 气动振动台式混凝土构件成型机
		Formmaschine mit Plattformrüttler ohne Bahnrahmen für Betonfertigteil *f.* 无台架振动台式混凝土构件成型机
		Formmaschine mit horizontaler Plattformrüttler für Betonfertigteil *f.* 水平定向振动台式混凝土构件成型机
		Formmaschine mit Rüttlertisch für Betonfertigteil *f.* 冲击振动台式混凝土构件成型机
		Formmaschine mit impulsivem rollengeführtem Rüttlertisch für Betonfertigteil *f.* 滚轮脉冲振动台式混凝土构件成型机
		Formmaschine mit segmentiertem kombiniertem Rüttlertisch für Betonfertigteil *f.* 分段组合振动台式混凝土构件成型机
	Formmaschine mit Radwalze *f.* 盘转压制式成型机	Formmaschine mit Radwalze für Betonfertigteil *f.* 混凝土构件盘转压制成型机
	Formmaschine mit Hebelpresse *f.* 杠杆压制式成型机	Formmaschine mit Hebelpresse für Betonfertigteil *f.* 混凝土构件杠杆压制成型机
	tischartige Formmaschine *f.* 长线台座式	tischartige Formmaschine für Betonfertigteil *f.* 长线台座式混凝土构件生产成套设备
	Formmaschine mit verbindender Flachdüse *f.* 平模联动式	Formmaschine mit verbindender Flachdüse für Betonfertigteil *f.* 平模联动式混凝土构件生产成套设备

43

Gruppe/组	Typ/型	Pruduct/产品
Formmaschine für Betonfertigteil *f*. 混凝土构件成型机	Formmaschine mit verbindendem Aggregat *f*. 机组联动式	Formmaschine mit verbindendem Aggregat für Betonfertigteil *f*. 机组联动式混凝土构件生产成套设备
Formmaschine für Betonrohr *f*. 混凝土管成型机	Fliehkraft 离心式	Kugel-Fliehkraftformmaschine für Betonrohr *f*. 滚轮离心式混凝土管成型机
		drehbare Zentrifugalgießmaschine für Betonrohr *f*. 车床离心式混凝土管成型机
	Quetsch 挤压式	Ringwalzenquetschformmaschine für Betonrohr *f*. 悬辊式挤压混凝土管成型机
		Vertikalquetschformmaschnie für Betonrohr *f*. 立式挤压混凝土管成型机
		Vertikalvibrationsquetschformmaschine für Betonrohr *f*. 立式振动挤压混凝土管成型机
Formmaschine für Betonfliese *f*. 水泥瓦成型机	Formmaschine für Betonfliese *f*. 水泥瓦成型机	Formmaschine für Betonfliese *f*. 水泥瓦成型机
Formmaschine für Wandplatte *f*. 墙板成型设备	Formmaschine für Wandplatte *f*. 墙板成型机	Formmaschine für Wandplatte *f*. 墙板成型机
Umformmaschine für Beton-fertigtei *f*. 混凝土构件修整机	Wasser-Vakuumpumper *n*. 真空吸水装置	Wasser-Vakuumpumper für Beton *n*. 混凝土真空吸水装置
	Schneidmaschnie *f*. 切割机	handhaltbare Betonfräsmaschine *f*. 手扶式混凝土切割机
		selbstfahrende Betonfräsmaschine *f*. 自行式混凝土切割机
	Oberflächenflügel-glättmaschine *f*. 表面抹光机	handhaltbare Oberflächenflügelglättmaschine *f*. 手扶式混凝土表面抹光机
		selbsfahrende Oberflächenflügelglättmaschine *f*. 自行式混凝土表面抹光机
	Schleifmaschine *f*. 磨口机	Schleifmaschine für Betonrohr *f*. 混凝土管件磨口机

44

（续表）

Gruppe/组	Typ/型	Prudukt/产品
Formschablone und Zubehör-maschine f. 模板及配件机械	Stahlvorlage-Walzwerk n. 钢模板轧机	kontinuierliche Stahlvorlage-Walzwerk n. 钢模版连轧机
		Rippe-Stahlvorlage-Walzwerk n. 钢模板凸棱轧机
	Stahlvorlage-Reinigungsanlage f. 钢模板清理机	Stahlvorlage-Reinigungsanlage f. 钢模板清理机
	Stahlvorlage-Kalibriermaschine f. 钢模板校形机	Stahlvorlage-mehrzweckkalibriermaschine f. 钢模板多功能校形机
		Stahlvorlage-mehrzweckkalibriermaschine f. 钢模板多功能校形机
	Stahlvorlage-Zubehörmaschine f. 钢模板配件	Formmaschine für U-Form-Karte f. 钢模板 U 形卡成型机
		Richtmaschine für Stahlvorlage und Stahlrohr f. 钢模板钢管校直机
andere Beton-steinanlage f. 其他混凝土制品机械		

45

12 oberidische Arbeits-maschine *f*. 高空作业机械

Gruppe/组	Typ/型	Prudukt/产品
Fahrzeug für Hochheben n. 高空作业车	Normalfahrzeug für Hochheben n. 普通型高空作业车	Luftarbeitsbühne mit Teleskopausleger f. 伸臂式高空作业车
		Autobühne mit Klappausleger f. 折叠臂式高空作业车
		vertikaler Fahrzeug für Hochheben von Aufzug n. 垂直升降式高空作业车
		gemischte Autobühne f. 混合式高空作业车

（续表）

Gruppe/组	Typ/型	Prudukt/产品
Fahrzeug für Hochheben *n*. 高空作业车	Hochbaumschnitt-Auto *n*. 高树剪枝车	Hochbaumschnitt-Auto *n*. 高树剪枝车
		geschleppte Hochbaumschnitt-Auto *n*. 拖式高空剪枝车
	isolierte Luftplattform *f*. 高空绝缘车	isolierte Eimer-LKW *m*. 高空绝缘斗臂车
		geschleppte isolierte Luftplattform *f*. 拖式高空绝缘车
	Brückeninspektionsanlage *f*. 桥梁检修设备	Brückeninspektionsfahrzeug *n*. 桥梁检修车
		geschleppte Brückeninspektionsplattform *f*. 拖式桥梁检修平台
	Luft-Kamera-LKW *m*. 高空摄影车	Luft-Kamera-LKW *m*. 高空摄影车
	Bodenunterstützungsfahrzeug für die Luftfahrt *n*. 航空地面支持车	Bodenunterstützungsfahrzeug für die Luftfahrt *n*. 航空地面支持用升降车
	Flugzeug Enteisungsfahrzeug *n*. 飞机除冰防冰车	Flugzeug Enteisungsfahrzeug *n*. 飞机除冰防冰车
	Feuerwehrfahrzeug *n*. 消防救援车	Feuerwehrfahrzeug *n*. 高空消防救援车
Luftplattform *f*. 高空作业平台	Scherenluftplattform *f*. 剪叉式高空作业平台	stationäre Scherenluftplattform *f*. 固定剪叉式高空作业平台
		fahbare Scherenluftplattform *f*. 移动剪叉式高空作业平台
		selbstfahrende Scherenluftplattform *f*. 自行剪叉式高空作业平台
	Hebebühne *f*. 臂架式高空作业平台	stationäre Hebebühne *f*. 固定臂架式高空作业平台
		fahbare Hebebühne *f*. 移动臂架式高空作业平台
		selbstfahrende Hebebühne *f*. 自行臂架式高空作业平台

（续表）

Gruppe/组	Typ/型	Prudukt/产品
Luftplattform *f*. 高空作业平台	Luftplatform mit Teleskopzylinder *f*. 套筒油缸式高空作业平台	stationäre Luftplatform mit Teleskopzylinder *f*. 固定套筒油缸式高空作业平台
		fahbare Luftplatform aus Gittermast *f*. 移动套筒油缸式高空作业平台
	Luftplatform mit Mastsäulen *f*. 桅柱式高空作业平台	stationäre Luftplatform mit Mastsäulen *f*. 固定桅柱式高空作业平台
		fahbare Luftplatform mit Mastsäulen *f*. 移动桅柱式高空作业平台
		selbstfahrende Luftplatform mit Mastsäulen *f*. 自行桅柱式高空作业平台
	Luftplatform mit Führungsrahmen *f*. 导架式高空作业平台	stationäre Luftplatform mit Führungsrahmen *f*. 固定导架式高空作业平台
		fahbare Luftplatform mit Führungsrahmen *f*. 移动导架式高空作业平台
		selbstfahrende Luftplatform mit Führungsrahmen *f*. 自行导架式高空作业平台
andere oberidische Arbeitsmaschine *f*. 其他高空作业机械		

47

13 Dekorationsmaschine *f*. 装修机械

Gruppe/组	Typ/型	Prudukt/产品
Spritzbeschich-tungsmaschine *f*. 砂浆制备及喷涂机械	Sandseparator *m*. 筛砂机	elektrishce Sandseparator *m*. 电动式筛砂机
	Mörtelmischmas-chine *f*. 砂浆搅拌机	Horizontalwellenmischer *m*. 卧轴式灰浆搅拌机
		Vertikalwellenmischer für Mörtel *f*. 立轴式灰浆搅拌机
		Trommelwellenmischer für Mörtel *m*. 筒转式灰浆搅拌机

Gruppe/组	Typ/型	Pruduct/产品
Spritzbeschich-tungsmaschine *f*. 砂浆制备及 喷涂机械	Mörtelförderpumpe *f*. 泵浆输送泵	Einzylinder-Kolbenmörtelpumpe *f*. 柱塞式单缸灰浆泵
		Doppelzylinder-Kolbenmörtelpumpe *f*. 柱塞式双缸灰浆泵
		Membrane-Betonpumpe *f*. 隔膜式灰浆泵
		Druckluftsprühgerät für Mörtel *n*. 气动式灰浆泵
		Quetschpumpe für Mörtel *f*. 挤压式灰浆泵
		Schneckenpumpe für Mörtel *f*. 螺杆式灰浆泵
	Mörtelkombination-smaschine *f*. 砂浆联合机	Mörtelkombinations-maschine *f*. 灰浆联合机
	Behandlungsmaschine zur Kalkbewässerung *f*. 淋灰机	Behandlungsmaschine zur Kalkbewässerung *f*. 淋灰机
	Hanfmixer *m*. 麻刀灰拌和机	Hanfmixer *m*. 麻刀灰拌和机
Lackierspritz-maschine *f*. 涂料喷刷机械	Mörteleinspritzpumpe *f*. 喷浆泵	Mörteleinspritzpumpe *f*. 喷浆泵
	Airless-Spritzeinheit *f*. 无气喷涂机	pneumatisches Airless-Spritzeinheit *f*. 气动式无气喷涂机
		elektrisches Vakuum-Spritzgerät *f*. 电动式无气喷涂机
		Airless-Spritzeinheit mit Verbrennungsmaschine *f*. 内燃式无气喷涂机
		Hochdruck-Airless-Spritzeinheit *f*. 高压无气喷涂机
	Air-Spritzeinheit *f*. 有气喷涂机	Auspuffzerstäuber *f*. 抽气式有气喷涂机
		Schwerkraft-Luftspritzpistole *f*. 自落式有气喷涂机
	Plastikspritzeinheit *f*. 喷塑机	Plastikspritzeinheit *f*. 喷塑机
	Gipsspritzmaschine *f*. 石膏喷涂机	Gipsspritzmaschine *f*. 石膏喷涂机

（续表）

Gruppe/组	Typ/型	Pruduct/产品
Spritzbeschichtungsmaschine *f.* 油漆制备及喷涂机械	Lackierspritzmaschine *f.* 油漆喷涂机	Lackierspritzmaschine *f.* 油漆喷涂机
	Farbrührer *m.* 油漆搅拌机	Farbrührer *m.* 油漆搅拌机
Bodenpoliermaschine *f.* 地面修整机械	Oberflächenpolieren *n.* 地面抹光机	Oberflächenpolieren *n.* 地面抹光机
	Fußbodenpoliere *m.* 地板磨光机	Fußbodenpoliere *m.* 地板磨光机
	Schleifer für Fußleiste *m.* 踢脚线磨光机	Schleifer für Fußleiste *m.* 踢脚线磨光机
	Boden-Terrazzomaschine *f.* 地面水磨石机	Einscheiben-Poliermaschine *f.* 单盘水磨石机
		Doppelscheibenschleifer für Terrazzo *f.* 双盘水磨石机
		Diamant-Boden-Terrazzomaschine *f.* 金刚石地面水磨石机
	Fußbodenplanierer *m.* 地板刨平机	Fußbodenplanierer *m.* 地板刨平机
	Wachsenmaschine *f.* 打蜡机	Wachsenmaschine *f.* 打蜡机
	Bodenbearbeitungsmaschine *f.* 地面清除机	Bodenbearbeitungs-maschine *f.* 地面清除机
	Bodenfliesen-Schneidemaschine *f.* 地板砖切割机	Bodenfliesen-Schneidemaschine *f.* 地板砖切割机
Maschine für Dachschmuck *f.* 屋面装修机械	Asphaltmaschine *f.* 涂沥青机	Asphaltmaschine für Dachschmuck *f.* 屋面涂沥青机
	Filzmaschine *f.* 铺毡机	Filzmaschine für Dach *f.* 屋面铺毡机
oberidische Hängekorb *m.* 高处作业吊篮	manuelle oberidische Hängekorb *m.* 手动式高处作业吊篮	manuelle oberidische Hängekorb *m.* 手动高处作业吊篮

Gruppe/组	Typ/型	Prudukt/产品
oberidische Hängekorb *m*. 高处作业吊篮	pneumatische oberidische Hängekorb *m*. 气动式高处作业吊篮	pneumatische oberidische Hängekorb *m*. 气动高处作业吊篮
	elektrische oberidische Hängekorb *m*. 电动式高处作业吊篮	elektrishce Seilkletten oberidische Hängekorb *m*. 电动爬绳式高处作业吊篮
		elektrische oberidische Hängekorb mit Wind *m*. 电动卷扬式高处作业吊篮
Fenstererreinigungsmaschine *f*. 擦窗机	Fenstererreinigungsmaschine mit Nabe *f*. 轮毂式擦窗机	teleskopierbarer Fenstererreinigungsmaschine mit Nabe *f*. 轮毂式伸缩变幅擦窗机
		Laufkatzen-Fenstererreinigungsmaschine mit Nabe *f*. 轮毂式小车变幅擦窗机
		Wippwerksfenstererreinigungsmaschine mit Nabe *f*. 轮毂式动臂变幅擦窗机
	schienenfahrender Fenstererreinigungsmaschine für Dach *f*. 屋面轨道式擦窗机	teleskopierbarer schienenfahrender Fenstererreinigungsmaschine für Dach *f*. 屋面轨道式伸缩臂变幅擦窗机
		schienenfahrender Laufkatzen-Fenstererreinigungsmaschine für Dach *f*. 屋面轨道式小车变幅擦窗机
		schienenfahrender Wippwerksfenstererreinigungsmaschine für Dach *f*. 屋面轨道式动臂变幅擦窗机
	hängender schienenfahrender Fenstererreinigngs-maschine *f*. 悬挂轨道式擦窗机	hängender schienenfahrender Fenstererreinigngs-maschine *f*. 悬挂轨道式擦窗机
	Fenstererreinigngsmaschine mit Einsteckstab *f*. 插杆式擦窗机	Fenstererreinigngsmaschine mit Einsteckstab *f*. 插杆式擦窗机

（续表）

Gruppe/组	Typ/型	Pruduct/产品
Fenstererreinigungsmaschine *f*. 擦窗机	Schiebefenstererreinigngsmaschine *f*. 滑梯式擦窗机	Schiebefenstererreinigngsmaschine *f*. 滑梯式擦窗机
Maschinerie zur Dekoration von Gebäuden *f*. 建筑装修机具	Nagelpistole *f*. 射钉机	Nagelpistole *f*. 射钉机
	Schaber *m*. 铲刮机	elektrische Schaber *m*. 电动铲刮机
	Falzmaschine *f*. 开槽机	Betonschlitzmaschine *f*. 混凝土开槽机
	Steinplattenschneidemaschnie *f*. 石材切割机	Steinplattenschneidemaschnie *f*. 石材切割机
	Profilschneidemaschine *f*. 型材切割机	Profilschneidemaschine *f*. 型材切割机
	Abmantelmaschine *f*. 剥离机	Abmantelmaschine *f*. 剥离机
	Winkelpoliermaschine *f*. 角向磨光机	Winkelpoliermaschine *f*. 角向磨光机
	Betonfräsmaschine *f*. 混凝土切割机	Betonfräsmaschine *f*. 混凝土切割机
	Betonfugenschneider *m*. 混凝土切缝机	Betonfugenschneider *m*. 混凝土切缝机
	Betonbohrmaschine *f*. 混凝土钻孔机	Betonbohrmaschine *f*. 混凝土钻孔机
	Terrazzoschleifer *m*. 水磨石磨光机	Terrazzoschleifer *m*. 水磨石磨光机
	Abraumgerät *n*. 电镐	Abraumgerät *n*. 电镐
andere Dekorationsmaschine *f*. 其他装修机械	Wandpapiermaschine *f*. 贴墙纸机	Wandpapiermaschine *f*. 贴墙纸机
	Schnecken-Steinreinigungsmaschine *f*. 螺旋洁石机	Einzelschnecken-Steinreinigungsmaschine *f*. 单螺旋洁石机
	Lochkartenmaschine *f*. 穿孔机	Lochkartenmaschine *f*. 穿孔机

51

（续表）

Gruppe/组	Typ/型	Prudukt/产品
andere Dekorations-maschine *f.* 其他装修机械	Einpressmaschine *f.* 孔道压浆剂	Einpressmaschine *f.* 孔道压浆剂
	Abbiegemaschine *f.* 弯管机	Abbiegemaschine *f.* 弯管机
	Gewindeschneide und Schneidemaschine von Rohr *f.* 管子套丝切断机	Gewindeschneide und Schneidemaschine von Rohr *f.* 管子套丝切断机
	Biege und Gewindeschneide-maschine von Rohr *f.* 管材弯曲套丝机	Biege und Gewindeschneidemaschine von Rohr *f.* 管材弯曲套丝机
	Abschrägmaschine *f.* 坡口机	elektrishce Abschrägmaschine *f.* 电动坡口机
	Beschichtungsmaschine *f.* 弹涂机	elektrische Beschichtungsmaschine *f.* 电动弹涂机
	Roll Coater *m.* 滚涂机	Roll Coater *m.* 电动滚涂机

14 Drahtspannmaschine *f.* 钢筋及预应力机械

Gruppe/组	Typ/型	Prudukt/产品
Verstärkungs-smaschine *f.* 钢筋强化机械	Kaltziehmaschie von Stahlstab *f.* 钢筋拉直机	Kaltziehmaschie von Stahlstab mit Wind *f.* 卷扬机式钢筋冷拉机
		hydraulische Kaltziehmaschie von Stahlstab *f.* 液压式钢筋冷拉机
		Rollen Kaltziehmaschie von Stahlstab *f.* 滚轮式钢筋冷拉机
	Stabziehbank *f.* 钢筋冷拔机	Vertikalstabziehbank *f.* 立式冷拔机
		horizontale Stabziehbank *f.* 卧式冷拔机
		Tandem-Stabziehbank *f.* 串联式冷拔机

（续表）

Gruppe/组	Typ/型	Pruduct/产品
Verstärkungs-maschine *f.* 钢筋强化机械	Kaltwalzen-Maschine für Stahldraht und-stab *f.* 冷轧钢筋带肋成型机	Antriebkaltwalzen-Maschine für Stahldraht und-stab *f.* 主动冷轧带肋钢筋成型机
		getriebene Kaltwalzmaschine für Stahdraht und-stab *f.* 被动冷轧带肋钢筋成型机
	Kaltwalzen-Maschine für verdillten Stahldraht und-stab *f.* 冷轧扭钢筋成型机	Rechteckkaltwalzen-Maschine für verdillten Stahldraht und-stab *f.* 长方形冷轧扭钢筋成型机
		Quadratkaltwalzen-Maschine für verdillten Stahldraht und-stab *f.* 正方形冷轧扭钢筋成型机
	Kaltziehmaschine für Bewehrungsstab *f.* 冷拔螺旋钢筋成型机	Quadratkaltziehmaschine für Bewehrungsstab *f.* 方形冷拔螺旋钢筋成型机
		Rundkaltziehmaschine für Bewehrungsstab *f.* 圆形冷拔螺旋钢筋成型机
Formunsmaschine von Stahlstab *f.* 单件钢筋成型机械	Drahtschneidemachine *f.* 钢筋切断机	Handgesteindrahtschneidemachine *f.* 手持式钢筋切断机
		horizontale Drahtschneidemachine *f.* 卧式钢筋切断机
		vertikale Drahtschneidemachine *f.* 立式钢筋切断机
		Schneidemaschine mit Scherklaue für Stabstahl *f.* 颚剪式钢筋切断机
	Drahtschneidelinie *f.* 钢筋切断生产线	Stahlschneidelinie *f.* 钢筋剪切生产线
		Stahlstangensägenlinie *f.* 钢筋锯切生产线
	Stangenricht und-schermaschine *f.* 钢筋调直切断机	mechanische Stangenricht und-schermaschine *f.* 械式钢筋调直切断机
		hydraulische Stangenricht und-schermaschine *f.* 液压式钢筋调直切断机
		pneumatische Stangenricht und-schermaschine *f.* 气动式钢筋调直切断机

53

（续表）

Gruppe/组	Typ/型	Prudukt/产品
Formunsmaschine von Stahlstab *f*. 单件钢筋成型机械	Betoneisenbiegemaschine *f*. 钢筋弯曲机	mechanische Betoneisenbiegemaschine *f*. 机械式钢筋弯曲机
		hydraulische Betoneisenbiegemaschine *f*. 液压式钢筋弯曲机
	Betoneisenbiegelinie *f*. 钢筋弯曲生产线	vertikale Betoneisenbiegelinie *f*. 立式钢筋弯曲生产线
		horizontale Betoneisenbiegelinie *f*. 卧式钢筋弯曲生产线
	Wendelbiegemaschine *f*. 钢筋弯弧机	mechanische Wendelbiegemaschine *f*. 机械式钢筋弯弧机
		hydraulische Wendelbiegemaschine *f*. 液压式钢筋弯弧机
	Bügelbiegemaschine *f*. 钢筋弯箍机	numerisch gesteuerte Bügelbiegemaschine *f*. 数控钢筋弯箍机
	Gewindeherstellungs-smaschine *f*. 钢筋螺纹成型机	Kegelgewinde-Herstellungsmaschine *f*. 钢筋锥螺纹成型机
		Parallelgewinde-Herstellungsmaschine *f*. 钢筋直螺纹成型机
	Gewindeherstellungs-smaschine *f*. 钢筋螺纹生产线	Gewindeherstellungsmaschine *f*. 钢筋螺纹生产线
	Kopfdicker für Stahlstab *m*. 钢筋墩头机	Kopfdicker für Stahlstab *m*. 钢筋墩头机
Kombiniertedraht-maschine *f*. 组合钢筋成型机械	Drahtgitterschweiß-maschine *f*. 钢筋网成型机	Drahtgitterschweiß-maschine *f*. 钢筋网焊接成型机
	Käfigherstellungs-maschine *f*. 钢筋笼成型机	manuelle Käfigherstellungs-maschine *f*. 手动焊接钢筋笼成型机
		automatishce Käfigherstellungs-maschine *f*. 自动焊接钢筋笼成型机
	Gitterwebmaschine *f*. 钢筋桁架成型机	mechanische Gitterwebmaschine *f*. 机械式钢筋桁架成型机
		hydraulische Gitterwebmaschine *f*. 液压式钢筋桁架成型机

（续表）

Gruppe/组	Typ/型	Pruduct/产品
Anschlussmaschine von Draht *f.* 钢筋连接机械	Stahlbarren-Stumpfschweiß-maschine *f.* 钢筋对焊机	mechanische Stahlbarren-Stumpfschweißmaschine *f.* 机械式钢筋对焊机
		hydraulische Stahlbarren-Stumpfschweißmaschine *f.* 液压式钢筋对焊机
	Stahlbarren-Electroslag-Druckschweiß-maschine *f.* 钢筋电渣压力焊机	Stahlbarren-Electroslag-Druckschweißmaschine *f.* 钢筋电渣压力焊机
	Stahlstabgas *n.* 钢筋气压焊机	geschlossenes Stahlstabgas *n.* 闭合式气压焊机
		offener Stahlstabgas *n.* 敞开式气压焊机
	Hülsenquetsch-maschine *f.* 钢筋套筒挤压机	Hülsenquetschmaschine für Draht 径向钢筋套筒挤压机
		Hülsenquetschmaschine für Draht 轴向钢筋套筒挤压机
Vorgespannte Maschine *f.* 预应力机械	Kopfdruckmaschine für vorgespannten Stahldraht *f.* 预应力钢筋墩头器	elektrishce Kopfdruckmaschine für vorgespannten Stahldraht *f.* 电动冷镦机
		hydraulische Kopfdruckmaschine für vorgespannten Stahldraht *f.* 液压冷镦机
	Zugmaschine für vorgespannten Stahl *f.* 预应力钢筋张拉机	mechanische Zugmaschine für vorgespannten Stahl *f.* 机械式张拉机
		hydraulische Zugmaschine für vorgespannten Stahl *f.* 液压式张拉机
	Strangziehmaschine *f.* 预应力钢筋穿束机	Strangziehmaschine *f.* 预应力钢筋串束机
		Drucklufteinpreßgerät *n.* 预应力钢筋灌浆机
	Winde zur Vorspannung *f.* 预应力千斤顶	Vodere Winde zur Vorspannung *f.* 前卡式预应力千斤顶
		kontinuierliche Winde zur Vorspannung *f.* 连续式预应力千斤顶

55

(续表)

Gruppe/组	Typ/型	Prudukt/产品
Vorgespannte Werkzeug *n*. 预应力机具	Spannungs Anker *m*. 预应力筋用锚具	Vodere Spannungs Anker *m*. 前卡式预应力锚具
		Spannungs Anker für Mittenloch *m*. 穿心式预应力锚具
	Spannvorrichtung für Spannglieder *f*. 预应力筋用夹具	Spannvorrichtung für Spannglieder *f*. 预应力筋用夹具
	Kupplung für Spannglieder *f*. 预应力筋用连接器	Kupplung für Spannglieder *f*. 预应力筋用连接器
andere Drahtspannmaschine *f*. 其他钢筋及预应力机械		

15 Steinbohrmaschine *f*. 凿岩机械

Gruppe/组	Typ/型	Prudukt/产品
Gesteinbohrer *m*. 凿岩机	handhaltbarer Gesteinbohrer *m*. 气动手持式凿岩机	Handbohrmaschine *f*. 手持式凿岩机
	pneumatische Gesteinbohrmaschine *f*. 气动凿岩机	handhaltbare Luftbeingesteinbohrmaschine *f*. 手持气腿两用凿岩机
		Luftbeingesteinbohrmaschine *f*. 气腿式凿岩机
		Hochfrequenzluftbeingesteinbohrmaschine *f*. 气腿式高频凿岩机
		pneumatisches Stoper-Felsenbohrgerät *n*. 气动向上式凿岩机
		schienenlaufende Luftbohrmashcine für Gestein *f*. 气动导轨式凿岩机
		schienenlaufende Luftbohrmaschine mit unabhängigen Rotationen *f*. 气动导轨式独立回转凿岩机

（续表）

Gruppe/组	Typ/型	Prudukt/产品
Gesteinbohrer *m.* 凿岩机	Verbrennungshand-gesteinbohrgerät *n.* 内燃手持式凿岩机	Verbrennungshandgesteinbohrgerät *n.* 手持式内燃凿岩机
	hydraulische Gesteinbohrmaschine *f.* 液压凿岩机	handhaltbare Hydraulikgesteinbohrmaschine *f.* 手持式液压凿岩机
		hydraulische Gesteinbohrmaschine mit Bein *f.* 支腿式液压凿岩机
		hydraulische Elektrogesteinbohrmaschine *f.* 导轨式液压凿岩机
	elektrishce Gesteinbohrmaschine *f.* 电动凿岩机	elektrishce Handgesteinbohrmaschine *f.* 手持式电动凿岩机
		Gesteinbohrmaschine mit Bein *f.* 支腿式电动凿岩机
		Elektrobohrhammer *m.* 导轨式电动凿岩机
Bohrwagen und Bohrer für offenen Abbaustelle *m.* 露天钻车钻机	pneumatische halbhydraulischer Kettenbohrer für offenen Abbaustelle *m.* 气动、半液压履带式露天钻机	Kettenbohrer für offenen Abbaustelle *m.* 履带式露天钻机
		Raupenimloch-Bohrgerät für offenen Abbaustelle *n.* 履带式潜孔露天潜孔钻机
		Mittlerer und hoher Druck-Raupenimloch-Bohrgerät für offenen Abbaustelle *n.* 履带式潜孔露天中压/高压潜孔钻机
	pneumatische halbhydraulischer Schienenbohrwagen für offenen Abbaustelle *m.* 气动、半液压轨轮式露天钻车	gummibereifter Bohrjumbo für offenen Abbaustelle *m.* 轮胎式露天钻车
		Schienenbohrwagen für offenen Abbaustelle *m.* 轨轮式露天钻车
	Hydrulik-Bohrer *m.* 液压履带式钻机	Hydrulik-Freiluftraupenbohrer *m.* 履带式露天液压钻机
		Hydrulik-Raupenimloch-Freiluftraupenbohrer *m.* 履带式露天液压潜孔钻机

(续表)

Gruppe/组	Typ/型	Pruodukt/产品
Bohrwagen und Bohrer für offenen Abbaustelle *m*. 露天钻车钻机	hydraulische Bohrwagen *m*. 液压钻车	Hydrulik-Freiluftreifenbohrwagen *m*. 轮胎式露天液压钻车
		schienenfahrende Hydrulik-Freiluftbohrwagen *m*. 轨轮式露天液压钻车
Bohrwagen und Bohrer für Untertageabbau *m*. 井下钻车钻机	pneumatische halbhydraulischer kettenbohrer *m*. 气动、半液压履带式钻机	Bohrjumbo mit Raupenfahrwerk für Bergbau *m*. 履带式采矿机
		Tunnelbohrjumbo mit Raupenfahrwerk *m*. 履带式掘进钻机
		Raupen-Ankerbohrmaschine *f*. 履带式锚杆钻机
	pneumatische halbhydraulischer Bohrwagen *m*. 气动、半液压式钻车	gummibereifter Bohrjumbo für Bergbau *m*. gummibereifter Tunnelbohrjumbo *m*. gummibereifter Ankerbohrjumbo *m*. 轮胎式采矿/掘进/锚杆钻车
		schienenfahrende Bohrjumbo für Bergbau *m*. schienenfahrende Tunnelbohrjumbo *m*. schienenfahrende Ankerbohrjumbo *m*. 轨轮式采矿/掘进/锚杆钻车
	full-hydraulische kettenbohrer *m*. 全液压履带式钻机	hydraulische kettenbohrer für Bergbau *m*./hydraulische Tunnelbohrer mit Raupenfahrwerk *m*./hydraulische Ankerbohrer mit Raupenfahrwerk *m*. 履带式液压采矿/掘进/锚杆钻机
	full-hydraulische Bohrwagen *m*. 全液压钻车	gummibereifter full-hydraulische Bohrjumbo für Bergbau *m*. gummibereifter full-hydraulische Tunnelbohrjumbo *m*. gummibereifter full-hydraulische Ankerbohrjumbo *m*. 轮胎式液压采矿/掘进/锚杆钻车
		schienenfahrende full-hydraulische Bohrjumbo für Bergbau *m*. schienenfahrende full-hydraulische Tunnelbohrjumbo *m*. schienenfahrende full-hydraulische Ankerbohrjumbo *m*. 轨轮式液压采矿/掘进/锚杆钻车

(续表)

Gruppe/组	Typ/型	Prudukt/产品
Schlagbohrhammer *m*. 气动潜孔冲击器	Niederdruck-Schlagbohrhammer *m*. 低气压潜孔冲击器	Schlagbohrhammer *m*. 潜孔冲击器
	Mittlerer und hoher Druck-Schlagbohrhammer *m*. 中、高气压潜孔冲击器	Mittlerer und hoher Druck-Schlagbohrhammer *m*. 中压/高压潜孔冲击器
Hilfseinrichtung der Gesteinbohrmaschine *f*. 凿岩辅助设备	Abstützung *f*. 支腿	Luftbein *n*. Wasserbein *n*. Ölbein *n*. Handkurbelbein *n*. 气腿/水腿/油腿/手摇式支腿
	Säulenbohrmast *m*. 柱式钻架	Einsäulenbohrturm *m*. Doppelsäulenbohrturm *m*. 单柱式/双柱式钻架
	Schiebenbohrmast *m*. 圆盘式钻架	Führungsringbohrturm *m*. Pfeilbohrturm *m*. Ringbohrturm *m*. 圆盘式/伞式/环形钻架
	andere 其他	Enstauber *m*. Fettasche *f*. Bohrerkopfschliefmashcine *f*. 集尘器、注油器、磨钎机
andere Steinbohrmaschine *f*. 其他凿岩机械		

59

16 Druckluftwerkzeug *n*. 气动工具

Gruppe/组	Typ/型	Prudukt/产品
pneumatisches Rotationswerkzeug *n*. 回转式气动工具	Gravierstift *m*. 雕刻笔	pneumatische Gravierstift *m*. 气动雕刻笔
	Druckluftbohrer *m*. 气钻	Druckluftbohrer mit geraderm Griff *m*. Druckluftbohrer mit Pistolengriff *m*. Druckluftbohrer mit Seitengriff *m*. kombiniert Druckluftbohrer *m*. pneumatische Trephine *f*. pneumatischer Dentalbohrer *m*. 直柄式/枪柄式/侧柄式/组合用气钻/气动开颅钻/气动牙钻

(续表)

Gruppe/组	Typ/型	Prudukt/产品
60 pneumatisches Rotationswerkzeug *n*. 回转式气动工具	Gewindebohrmaschine *f*. 攻丝机	pneumatische Gewindebohrmaschine mit geraderm Griff *f*. pneumatische Gewindebohrmaschine mit Pisolengriff *f*. kombinierte pneumatische Gewindebohrmaschine *f*. 直柄式/枪柄式/组合用气动攻丝机
	Schleifmaschine *f*. 砂轮机	Druckluftschleifer mit geradem Griff *m*. Winkeldruckluftschleifer *m*. Querschnittdruckluftschleifer *m*. kombinierte Druckluftschleifer *m*. pneumatische Drahtbürste mit geradem Griff *m*. 直柄式/角向/断面式/组合气动砂轮机/直柄式气动钢丝刷
	Überschüssige Nachbearbeitung smaschine *f*. 抛光机	Überschüssige Flächennachbearbeitungsmaschine *f*. Überschüssige Umfangsnachbearbeitungs-maschine *f*. Überschüssige Winkelnachbearbeitungsmaschine *f*. 端面/圆周/角向抛光机
	Poliermaschine *f*. 磨光机	pneumatische Flächenpoliermaschine *f*. pneumatische Umfangspoliermaschine *f*. pneumatische Schwingpoliermaschine *f*. pneumatische Schleifbandpoliermaschine *f*. pneumatische Schieberpoliermaschine *f*. pneumatishce Dreieckpoliermaschine *f*. 端面/圆周/往复式/砂带式/滑板式/三角式气动磨光机
	Fräser *f*. 铣刀	pneumatischer Fräser *m*. pneumatischer Winkelfräser *m*. 气铣刀/角式气铣刀
	Lufsäge *f*. 气锯	pneumatische Bandsäge *f*. pneumatische pendelte Bandsäge *f*. pneumatische Kreissäge *f*. pneumatische Kettensäge *f*. 带式/带式摆动/圆盘式/链式气锯
		Lufsäge *f*. 气动细锯

Gruppe/组	Typ/型	Prudukt/产品
pneumatisches Rotationswerkzeug *n*. 回转式气动工具	Schere *f*. 剪刀	pneumatiscshe Schermaschine *f*. pneumatiscshe Stanz- und Schermaschine *f*. 气动剪切机/气动冲剪机
	Druckluftshcraub enzieher *m*. 气螺刀	bewegungsunfähige Druckluftshcraubenzieher mit geradem Griff *m*. bewegungsunfähige Druckluftshcraubenzieher mit Pistolengriff *m*. bewegungsunfähige Winkeldruckluftshcraubenzieher *m*. 直柄式/枪柄式/角式失速型气螺刀
	Druckluftschlüssel *m*. 气扳机	bewegungsunfähige Druckluft-Drehschrauber mit Pistolengriff *m*. Kupplungdruckluft-Drehschrauber mit Pistolengriff *m*. Automatisch geschlossen Druckluft-Drehschrauber mit Pistolengriff *m*. 枪柄式失速型/离合型/自动关闭型纯扭气扳机
		pneumatische Bolzendruckluftschlüssel *m*. 气动螺柱气扳机
		Druckluftschlüssel mit geradem Henkel *m*. drehmomentgeregelter Druckluftschlüssel mit geradem Henkel *m*. 直柄式/直柄式定扭矩气扳机
		Energiespeicherungdruckluftschlüssel *m*. 储能型气扳机
		Hohe geschwindigkeite Druckluftschlüssel mit geradem Henkel *m*. 直柄式高速气扳机
		Druckluftschlüssel mit Pistolengriff *m*. drehmomentgeregelter Druckluftschlüssel mit Pistolengriff *m*. Hohe geschwindigkeite Druckluftschlüssel mit Pistolengriff *m*. 枪柄式/枪柄式定扭矩/枪柄式高速气扳机

（续表）

Gruppe/组	Typ/型	Prudukt/产品
pneumatisches Rotationswerkzeug *n*. 回转式气动工具	Druckluftschlüssel *m*. 气扳机	Winkeldruckluftschlüssel *m*. drehmomentgeregelter Winkeldrucklufschlüssel Hohe geschwindigkeite Winkeldruckluftschlüssel *m*. 角式/角式定扭矩/角式高速气扳机
		kombinierte Druckluftschlüssel *m*. 组合式气扳机
		Pulsdruckluftschlüssel mit gebogenem Griff *m*. Pulsdruckluftschlüssel mit Pistolengriff *m*. Winkelpulsdruckluftschlüssel *m*. elektrishce Pulsdruckluftschlüssel *m*. 直柄式/枪柄式/角式/电控型脉冲气扳机
	Rüttelapparat *m*. 振动器	Rotationsrüttelapparat *m*. 回转式气动振动器
pneumatisches Schlagwerkzeug *n*. 冲击式气动工具	Nietkanone *f*. 铆钉机	pneumatischer Niethammer mit gebogenem Griff *m*. pneumatischer Niethammer mit Bügelgriff *m*. pneumatischer Niethammer mit Pistolengriff *m*. 直柄式/弯柄式/枪柄式气动铆钉机
		pneumatischer Blindnietkanone *f*. pneumatischer Drucknietkanone *f*. 气动拉铆钉机/压铆钉机
	Nagelmaschine *f*. 打钉机	pneumatischer Nagelmaschine *f*. Stabnagel *m*. Klammer *n*. 气动打钉机/条形钉/回型钉
	Nähmaschine *f*. 订合机	Nähmaschine *f*. 订合机
	Biegemaschine *f*. 折弯机	Biegemaschine *f*. 折弯机
	Drucker *m*. 打印器	Drucker *m*. 打印器
	Klemme *f*. 钳	pneumatische Klemme *f*. hydraulische Klemme *f*. 气动钳/液压钳

（续表）

Gruppe/组	Typ/型	Prudukt/产品
pneumatisches Schlagwerkzeug *n.* 冲击式气动工具	Splitter *m.* 劈裂机	pneumatische Splitter *m.* hydraulische Splitter *m.* 气动/液压劈裂机
	Dilatator *f.* 扩张器	hydraulische Dilatator *f.* 液压扩张机
	hydraulische Schere *f.* 液压剪	hydraulische Schere *f.* 液压剪
	Agitionswerk *n.* 搅拌机	pneumatische Agitionswerk *n.* 气动搅拌机
	Umreifungsmaschine *f.* 捆扎机	pneumatische Umreifungsmaschine *f.* 气动捆扎机
	Schließmaschine *f.* 封口机	pneumatische Schließmaschine *f.* 气动封口机
	Brechapparat *m.* 破碎锤	pneumatische Brechapparat *m.* 气动破碎锤
	Haue *n.* 镐	Luftdrukhammer *m.* Hydraulikhammer *m.* Brennkrafthammer *m.* Elektrohammer *m.* 气镐、液压镐、内燃镐、电动镐
	pneumatischer arbeitender Klopfer *m.* 气铲	pneumatischer arbeitender Klopfer mit greadem Griff *m.* pneumatischer arbeitender Klopfer mit Bügelgriff *m.* pneumatischer arbeitender Klopfer mit Rundgriff *m.* 直柄式/弯柄式/环柄式气铲/铲石机
	Stopfmaschine *f.* 捣固机	pneumatische Stopfmaschine *f.* Schwellenstampfer Bauxitstopfmaschine *f.* 气动捣固机/枕木捣固机/夯土捣固机
	Feile *f.* 锉刀	pneumatishce Rotationsfeile *f.* pneumatische Schwingfeile *f.* pneumatishce Rotationsschwingfeile *f.* pneumatische Rotationsschwenkfeile *f.* 旋转式/往复式/旋转往复式/旋转摆动式气锉刀
	Schaber *m.* 刮刀	pneumatische Schaber *m.* pneumatishce Schwenkschaber *m.* 气动刮刀/气动摆动式刮刀

63

（续表）

Gruppe/组	Typ/型	Prudukt/产品
pneumatisches Schlagwerkzeug *n*. 冲击式气动工具	Graviermaschine *f*. 雕刻机	pneumatishce Rotations Graviermaschine *f*. 回转式气动雕刻机
	Konkreter Scabbler *m*. 凿毛机	pneumatische Konkreter Scabbler *m*. 气动凿毛机
	Rüttelapparat *m*. 振动器	pneumatische Rüttelapparat *m*. 气动振动棒
		Schlagrüttelapparat *m*. 冲击式振动器
andere pneumatisches Maschine *n*. 其他气动机械	Druckluftmotor *m*. 气动马达	pneumatischer Flügelzellenmotor *m*. 叶片式气动马达
		pneumatischer Kolbenmotor *m*. pneumatischer Axkolbenmotor *m*. 活塞式/轴向活塞式气动马达
		pneumatischer Zahnradmotor *m*. 齿轮式气动马达
		Druckluftturbomotor *m*. 透平式气动马达
	Druckluftpumpe *f*. 气动泵	Druckluftpumpe *f*. 气动泵
		pneumatischer Membranpumpe *f*. 气动隔膜泵
	pneumatisches Hebezeug *n*. 气动吊	pneumatisches Kettenhebezeug *n*. pneumatisches Seilhebezeug *n*. 环链式/钢绳式气动吊
	Druckluftwinde *f*. 气动绞车/绞盘	Druckluftwinde *f*. 气动绞车/气动绞盘
	Drucklufthammer *m*. 气动桩机	pneumatisches Fallwerk *n*. pneumatisches Extraktionsbuchse *n*. 气动打桩机/拔桩机
andere Druckluftwerkzeug *n*. 其他气动工具		

64

17 Militäringenieur Maschine *f*. 军用工程机械

Gruppe/组	Typ/型	Prudukt/产品
Straßenmaschinen *f*. 道路机械	Gepanzertes Ingenieurfahrzeug *n*. 装甲工程车	Gepanzertes Raupeningenieurfahrzeug *n*. 履带式装甲工程车
		Rad-Gepanzertes Ingenieurfahrzeug *n*. 轮式装甲工程车
	Mehrzweckingenieurfahrzeug *n*. 多用工程车	Raupenmehrzweckingenieurfahrzeug *n*. 履带式多用工程车
		Rad-Mehrzweckingenieurfahrzeug *n*. 轮式多用工程车
	Planierraupe *f*. 推土机	Bauraupe *f*. 履带式推土机
		Rad-Bulldozer *m*. 轮式推土机
	Auflademaschine *f*. 装载机	Rad-Fahrlader *m*. 轮式装载机
		Kompaktlader *m*. 滑移装载机
	Abgleichmaschine *f*. 平地机	selbstfahrender Grader *m*. 自行式平地机
	Baurolle *f*. 压路机	vibreirender Baurolle *f*. 振动式压路机
		Statikwalzer *f*. 静作用式压路机
	Schiebepflug *m*. 除雪机	Rad-Schiebepflug *m*. 轮子式除雪机
		Schneepflug *m*. 犁式除雪机
Field City-Baumaschinen *f*. 野战筑城机械	Kanalbaumaschine *f*. 挖壕机	Kanalbaumaschine mit Raupenfahrwerk *f*. 履带式挖壕机
		Kanalbaumaschine mit Radfahrwerk *f*. 轮式挖壕机
	Dragline-Grabmaschine *f*. 挖坑机	Dragline-Grabmaschine mit Raupenfahrwerk *f*. 履带式挖坑机
		Dragline-Grabmaschine mit Radfahrwerk *f*. 轮式挖坑机

65

（续表）

Gruppe/组	Typ/型	Prudukt/产品
Field City-Baumaschinen *f*. 野战筑城机械	Abtraggrät *n*. 挖掘机	Bagger mit Raupenfahrwerk *m*. 履带式挖掘机
		Radbagger *m*. 轮式挖掘机
		Bagger für Gebirge *m*. 山地挖掘机
	Geländearbeitmaschine *f*. 野战工事作业机械	Geländearbeitfahrzeug *n*. 野战工事作业车
		Berg-Dschungel-Arbeitsmaschine *f*. 山地丛林作业机
	Bohrgerät *n*. 钻孔机具	Bodenbohrer *m*. 土钻
		Schnellsbohrmaschine *f*. 快速成孔钻机
	Maschine für gefrorenen Bgefrorenen Boden *f*. 冻土作业机械	Explosionskanalbaumaschine *f*. 机-爆式挖壕机
		Bohrmaschine für gefrorenen Bgefrorenen Boden *f*. 冻土钻井机
Dauerhafte Stadtbaumaschinen *f*. 永备筑城机械	Abbohrer *m*. 凿岩机	Abbohrer *m*. 凿岩机
		Auslegerbohrmaschine *f*. 凿岩台车
	Druckluftverdichter *m*. 空压机	Elektrodruckluftverdichter *m*. 电动机式空压机
		Diseldruckluftverdichter *m*. 内燃机式空压机
	Bewetterungsanlage *f*. 坑道通风机	Bewetterungsanlage *f*. 坑道通风机
	kombinierte Aushubmaschine *f*. 坑道联合掘进机	kombinierte Aushubmaschine *f*. 坑道联合掘进机
	Belader *m*. 坑道装岩机	Stollenbelader *m*. 坑道式装岩机
		gummibreifter Belader *m*. 轮胎式装岩机

Gruppe/组	Typ/型	Pruduct/产品
Dauerhafte Stadtbaumaschinen *f*. 永备筑城机械	beschichtete Maschine *f*. 坑道被覆机械	Stahlformwagen *m*. 钢模台车
		Betoniermaschine *f*. 混凝土浇注机
		Betoneinpreßmaschine *f*. 混凝土喷射机
	Auflockerungsramme *f*. 碎石机	Steinbackenbrecher *m*. 颚式碎石机
		Kegelbrecher *m*. 圆锥式碎石机
		Walzenbrecher *m*. 辊式碎石机
		Fügelbrecher *m*. 锤式碎石机
	Auslesemaschine *f*. 筛分机	Trommelauslesemaschine *f*. 滚筒式筛分机
	Betonaufbreitunsanlage *f*. 混凝土搅拌机	Kippbetonaufbreitunsanlage *f*. 倒翻式凝土搅拌机
		Schrägtrommelmischer für Beton *m*. 倾斜式凝土搅拌机
		drehbare Betonaufbreitunsanlage *f*. 回转式凝土搅拌机
	Stabverarbeitungsmaschine *f*. 钢筋加工机械	Schneidemaschine von Stahleinlagen *f*. 直筋-切筋机
		Abbiegemaschine *f*. 弯筋机
	Holzbearbeitungsmaschine *f*. 木材加工机械	Motorsäge *f*. 摩托锯
		Kreissäge *f*. 圆锯机
Minenleger *m*. Fahrzeuginduktions-Minendetektor *m*. Minensucher *m*. 布、探、扫雷机械	Minenleger *m*. 布雷机械	Minenleger mit Raupenfahrwerk *m*. 履带式布雷车
		gummibreifter Minenleger *m*. 轮胎式布雷车
	Fahrzeuginduktions-Minendetektor *m*. 探雷机械	Fahrzeuginduktions-Minendetektor *m*. 道路探雷车
	Minensucher *m*. 扫雷机械	mechanische Minensucher *m*. 机械式扫雷车
		kombinierte Minensucher *m*. 综合式扫雷车

67

Gruppe/组	Typ/型	Prudukt/产品
Aufrichtmaschine von Brückenträger *f*. 架桥机械	Aufrichtmaschine von Brückenträger *f*. 架桥作业机械	Aufrichtfahrzeug von Brückenträger *n*. 架桥作业车
	mechanische Brücke *f*. 机械化桥	mechanische Brücke mit Raupenfahrwerk *f*. 履带式机械化桥
		gummibreifter mechanische Brücke *f*. 轮胎式机械化桥
	Fallwerksanlage *f*. 打桩机械	Fallwerk *n*. 打桩机
Wasserversongsanlage *f*. 野战给水机械	Fahrzeug zur Erkennung von Wasserquellen *n*. 水源侦察车	Fahrzeug zur Erkennung von Wasserquellen *n*. 水源侦察车
	Bohranlage *f*. 钻井机	drehbare Bohranlage *f*. 回转式钻井机
		Schlagbohranlage *f*. 冲击式钻井机
	Surabaya-Maschinen *f*. 汲水机械	Dieselwasserpumpe *f*. 内燃抽水机
		elektrishce Wasserpumpe *f*. 电动抽水机
	Wasseraufbereitungsanlage *f*. 净水机械	selbstfahrende Wasseraufbereitungsfahrzeug *n*. 自行式净水车
		geschleppte Wasseraufbereitungsfahrzeug *n*. 拖式净水车
Camouflage-Maschinen *f*. 伪装机械	verkleidete Vermessungsfahrzeug *n*. 伪装勘测车	verkleidete Vermessungsfahrzeug *n*. 伪装勘测车
	verkleidete Arbeitsfahrzeug *n*. 伪装作业车	Tarnungarbeitsfahrzeug *n*. 迷彩作业车
		Gefälschte Zielproduktionsfahrzeug *n*. 假目标制作车
		barriere LKW *m*. 遮障（高空）作业车

（续表）

Gruppe/组	Typ/型	Prudukt/产品
Arbeitsunter-stützungs-fahrzeug *n*. 保障作业车辆	fahrbares Kraftwerk *n*. 移动式电站	selbstfahrende fahrbares Kraftwerk *n*. 自行式移动式电站
		geschleppte fahrbares Kraftwerk *n*. 拖式移动式电站
	Jinmu technisches Arbeitsfahrzeug *n*. 金木工程作业车	Jinmu technisches Arbeitsfahrzeug *n*. 金木工程作业车
	Hebezeug *n*. 起重机械	Aufbaukran *m*. 汽车起重机
		Gummireifenkran *m*. 轮胎式起重机
	Hydraulik-Fehlersuchwagen *m*. 液压检修车	Hydraulik-Fehlersuchwagen *m*. 液压检修车
	Reparaturfahrzeug für Baugerät 工程机械修理车	Reparaturfahrzeug für Baugerät 工程机械修理车
	Spezialkraftschlepper *m*. 专用牵引车	Spezialkraftschlepper *m*. 专用牵引车
	Elektrotriebfahrzeug *n*. 电源车	Elektrotriebfahrzeug *n*. 电源车
	Hydraulikfahrzeug *n*. 气源车	Hydraulikfahrzeug *n*. 气源车
andere Militäringenieur Maschine *f*. 其他军用工程机械		

69

18 Aufzug *m*. Rolltrepper *f*. 电梯及扶梯

Gruppe/组	Typ/型	Prudukt/产品
Aufzug *m*. 电梯	Personalaufzug *m*. 乘客电梯	Wechselstrompersonalaufzug *m*. 交流乘客电梯
		Gleichstrompersonalaufzug *m*. 直流乘客电梯
		hydraulische Personalaufzug *m*. 液压乘客电梯

Gruppe/组	Typ/型	Produkt/产品
Aufzug *m*. 电梯	Lastenaufzug *m*. 载货电梯	Wechselstromlastenaufzug *m*. 交流载货电梯
		hydraulische Lastenaufzug *m*. 液压载货电梯
	Personen und Frachtaufzug *m*. 客货电梯	Personen und Frachtwechselstromaufzug *m*. 交流客货电梯
		Personen und Frachtgleichstromaufzug *m*. 直流客货电梯
		hydraulische Personen und Frachtaufzug *m*. 液压客货电梯
	Bettenaufzug *m*. 病床电梯	Wechselstrombettenaufzug *m*. 交流病床电梯
		hydraulische Bettenaufzug *m*. 液压病床电梯
	Wohnungslift *m*. 住宅电梯	Wechselstromwohnungslift *m*. 交流住宅电梯
	Serviceaufzug *m*. 杂物电梯	Wechselstromserviceaufzug *m*. 交流杂物电梯
	Besichtigungslift *m*. 观光电梯	Wechselstrombesichtigungslift *m*. 交流观光电梯
		Gleichstrombesichtigungslift *m*. 直流观光电梯
		hydraulische Besichtigungslift *m*. 液压观光电梯
	Schiffsaufzug *m*. 船用电梯	Wechselstromschiffsaufzug *m*. 交流船用电梯
		hydraulische Schiffsaufzug *m*. 液压船用电梯
	Autosaufzug *m*. 车辆用电梯	Wechselstromautosaufzug *m*. 交流车辆用电梯
		hydraulische Autosaufzug *m*. 液压车辆用电梯
	Aufzug mit Explosionsschutz *m*. 防爆电梯	Aufzug mit Explosionsschutz *m*. 防爆电梯

（续表）

Gruppe/组	Typ/型	Prudukt/产品
Rolltrepper *f*. 自动扶梯	Normalrolltrepper *f*. 普通型自动扶梯	Normalkettenrolltrepper *f*. 普通型链条式自动扶梯
		Normalzahnstangenrolltrepper *f*. 普通型齿条式自动扶梯
	öffentliche Rolltrepper *f*. 公共交通型自动扶梯	öffentliche Kettenrolltrepper *f*. 公共交通型链条式自动扶梯
		öffentliche Zahnstangenrolltrepper *f*. 公共交通型齿条式自动扶梯
	spiralförmiger Rolltrepper *f*. 螺旋形自动扶梯	spiralförmiger Rolltrepper *f*. 螺旋形自动扶梯
Personen-beförderer *m*. 自动人行道	Normalpersonen-beförderer *m*. 普通型自动人行道	Normalfußbrettenpersonenbeförderer *m*. 普通型踏板式自动人行道
		Normalbandrollenpersonenbeförderer *m*. 普通型胶带滚筒式自动人行道
	öffentliche Personenbeförderer *m*. 公共交通型自动人行道	öffentliche Fußbrettenpersonenbeförderer *m*. 公共交通型踏板式自动人行道
		öffentliche Bandrollenpersonenbeförderer *m*. 公共交通型胶带滚筒式自动人行道
andere Aufzug und Rolltrepper 其他电梯及扶梯		

71

19 Baummaschinenspartner *m*. 工程机械配套件

Gruppe/组	Typ/型	Prudukt/产品
angetriebene System *n*. 动力系统	Brennkraftmaschine *f*. 内燃机	Diesel *m*. 柴油发动机
		Benzinmotor *m*. 汽油发动机
		Gasturbinentriebwerke *n*. 燃气发动机
		Doppelantriebmotor *m*. 双动力发动机

（续表）

Gruppe/组	Typ/型	Prudukt/产品
angetriebene System *n*. 动力系统	dynamische Kraftsammler *m*. 动力蓄电池组	dynamische Kraftsammler *m*. 动力蓄电池组
	Nebenanlage *f*. 附属装置	Cassion *m*. 水散热箱（水箱）
		Ölkühler *m*. 机油冷却器
		Kühlgebläse *n*. 冷却风扇
		Kraftstofftank *m*. 燃油箱
		Turbolader *m*. 涡轮增压器
		Belüftungsfilter *n*. 空气滤清器
		Nebenstromfilter *m*. 机油滤清器
		Brennstofffilter *m*. 柴油滤清器
		Abblaseleitung *f*. 排气管（消声器）总成
		Druckluftanlage *f*. 空气压缩机
		Dynamo *m*. 发电机
		Elektrostarter *m*. 启动马达
Antreibssystem *n*. 传动系统	Ausheber *m*. 离合器	Trockenkupplung *f*. 干式离合器
		Naßkupplung *f*. 湿式离合器
	Drehmomenteinsteller *m*. 变矩器	Föttingergetriebe *n*. 液力变矩器
		Flüssigkeitskupplung *f*. 液力耦合器
	Getriebe *n*. 变速器	mechanisches Getriebe *n*. 机械式变速器

72

（续表）

Gruppe/组	Typ/型	Prudukt/产品
Antreibs-system *n*. 传动系统	Getriebe *n*. 变速器	Leistungsschaltgetriebe *n*. 动力换挡变速器
		elektrohydraulisches Schaltgetriebe *n*. 电液换挡变速器
	Getriebemotor *m*. 驱动电机	Spaltmotor *m*. 直流电机
		Heckstellmotor *m*. 交流电机
	Antriebsachse *f*. Antrieb *m*. 传动轴装置	Antiebsachse *f*. 传动轴
		Ankuppelung *f*. 联轴器
	Antriebsachse *f*. 驱动桥	Antriebsachse *f*. 驱动桥
	Drehzahlminderer *m*. 减速器	Endantrieb *m*. 终传动
		Radreduktor *m*. 轮边减速
Hydraulik-Dichtunseinrichtung *f*. 液压密封装置	Druckölzylinder *m*. 油缸	mittlerer und niedriger Druckölzylinder *m*. 中低压油缸
		Hochdruckölzylinder *m*. 高压油缸
		superhoch Druckölzylinder *m*. 超高压油缸
	Druckölpumpe *f*. 液压泵	Räderpumpe *f*. 齿轮泵
		Flügelpumpe *f*. 叶片泵
		Hubkolbenpumpe *f*. 柱塞泵
	Hydraulikmotor *m*. 液压马达	Zahnradhydraulikmotor *m*. 齿轮马达(驱动马达、工作装置马达)
		hydraulischer Flügelzellenmotor *f*. 叶片马达(驱动马达、工作装置马达)
		Hubkolbenhydraulikmotor *m*. 柱塞马达(驱动马达、工作装置马达)

Gruppe/组	Typ/型	Prudukt/产品
Hydraulik-Dichtunseinri-chtung *f*. 液压密封装置	hydraulisches Ventil *n*. 液压阀	hydraulisches Mehrwegeschaltventil *m*. 液压多路换向阀
		druckgesteuertes Ventil *n*. 压力控制阀
		Mengenventil *n*. 流量控制阀
		hydraulisches Prioritätsventil *n*. 液压先导阀
	hydraulisches Drehzahlminder-getriebe *n*. 液压减速机	Fahrdrehzahlmindergetriebe *n*. 行走减速机
		drehbares Drehzahlmindergetriebe *n*. 回转减速机
	Druckspeicher *m*. 蓄能器	Druckspeicher *m*. 蓄能器
	Zentraldrehturm *m*. 中央回转体	Zentraldrehturm *m*. 中央回转体
	Hydraulikleitung *f*. 液压管件	Hochdruckschlauch *m*. 高压软管
		Niederdruckschlauch *m*. 低压软管
		Hochtemperaturniederdruckschlauch *m*. 高温低压软管
		Metallansatzrohr *n*. 液压金属连接管
		Hydraulikeinschraubverbingdung *f*. 液压管接头
	DrucKölsystem-Nebenanlage *f*. 液压系统附件	Hydraulikölfilter *m*. 液压油滤油器
		Hydraulikölkühler *m*. 液压油散热器
		hydraulischer Öltank *m*. 液压油箱
	Dichtunseinrichtung *f*. 密封装置	bewegliche Abdichtung *f*. 动油封件
		Festabdichtung *f*. 固定密封件

Gruppe/组	Typ/型	Prudukt/产品
Abstellsystem *n*. 制动系统	Druckluftbehälter *m*. 贮气筒	Druckluftbehälter *m*. 贮气筒
	pneumatisches Ventil *n*. 气动阀	pneumatishces Schaltventil *n*. 气动换向阀
		pneumatisches druckgesteuertes Ventil *n*. 气动压力控制阀
	Druckerhöhungspumpe- einheit *f*. 加力泵总成	Druckerhöhungspumpeeinheit *f*. 加力泵总成
	Luftbremsanlage *f*. 气制动管件	pneumatischer Schlauch *m*. 气动软管
		pneumatisches Metallrohr *n*. 气动金属管
		pneumatische Einschraubverbidung *f*. 气动管接头
	Öl-und Wasserabscheider *m*. 油水分离器	Öl-und Wasserabscheider *m*. 油水分离器
	Bremspumpe *n*. 制动泵	Bremspumpe *n*. 制动泵
	Anschlag *m*. 制动器	Feststellbremse *f*. 驻车制动器
		Lamellenbrense *f*. 盘式制动器
		Bandbremse *f*. 带式制动器
		feuchte Lamellenbremse *f*. 湿式盘式制动器
Fahrgestell *n*. 行走装置	Reifeneinheit *f*. 轮胎总成	Vollreifen *n*. 实心轮胎
		Luftreifen *n*. 充气轮胎
	Felgeeinheit *f*. 轮辋总成	Felgeeinheit *f*. 轮辋总成
	Reifengleitschtuz *m*. 轮胎防滑链	Reifengleitschtuz *m*. 轮胎防滑链

75

Gruppe/组	Typ/型	Pruduct/产品
Fahrgestell *n*. 行走装置	Gleisketteeinheit *f*. 履带总成	Normalgleisketteeinheit *f*. 普通履带总成
		Naßgleisketteeinheit *f*. 湿式履带总成
		Gummigleisketteeinheit *f*. 橡胶履带总成
		Dreifachgleisketteeinheit *f*. 三联履带总成
	Vierrad *n*. 四轮	Stützrolleeinheit *f*. 支重轮总成
		Kettenradeinheit *f*. 拖链轮总成
		Führungsradeinheit *f*. 引导轮总成
		Antriebslaufradeinheit *f*. 驱动轮总成
	Kettenspanneinrichtung-einheit *f*. 履带张紧装置总成	Kettenspanneinrichtungeinheit *f*. 履带张紧装置总成
Lenksystem *n*. 转向系统	Fahrtwendereinheit *f*. 转向器总成	Fahrtwendereinheit *f*. 转向器总成
	Lenkachse *f*. 转向桥	Lenkachse *f*. 转向桥
	Lenksteuermechanismus *m*. 转向操作装置	Lenkanlage *f*. 转向装置
Chassis *n*. Arbeits-ausrüstung *f*. 车架及工作装置	Chassis *n*. 车架	Chassis *n*. 车架
		Drehverbindung *f*. 回转支撑
		Fahrerhaus *n*. 驾驶室
		Fahrersitzeinheit *f*. 司机座椅总成
	Arbeitsausrüstung *f*. 工作装置	Ausleger *m*. 动臂
		Auslegerstiel *m*. 斗杆

（续表）

Gruppe/组	Typ/型	Prudukt/产品
Chassis *n*. Arbeits- ausrüstung *f*. 车架及工作装置	Arbeitsausrüstung *f*. 工作装置	Schaufel *f*. 铲/挖斗
		Eimerkante *f*. 斗齿
		Abstreifblatt *n*. 刀片
	Ausgleichmasse *f*. 配重	Ausgleichmasse *f*. 配重
	Mastmontage *f*. 门架系统	Mast *m*. 门架
		Kette *f*. 链条
		Gabel *f*. 货叉
	Handlingsanlage des Pfahles *f*. 吊装装置	Haken *m*. 吊钩
		Ausleger *m*. 臂架
	Vibrationsanlage *f*. 振动装置	Vibrationsanlage *f*. 振动装置
elektrishce Anlage *f*. 电器装置	elektrisches Regelsystemeinheit *f*. 电控系统总成	elektrisches Regelsystemeinheit *f*. 电控系统总成
	kombinierte Apparatbretteinheit *f*. 组合仪表总成	kombinierte Apparatbretteinheit *f*. 组合仪表总成
	Monitoreinheit *f*. 监控器总成	Monitoreinheit *f*. 监控器总成
	Apparatbrett *n*. 仪表	Zeitmesser *f*. 计时表
		Geschwindigkeitsanzeige *f*. 速度表
		Thermometer *m*. 温度表
		Öldruckanzeige *m*. 油压表
		Barometer *n*. 气压表

Gruppe/组	Typ/型	Prudukt/产品
elektrishce Anlage *f*. 电器装置	Apparatbrett *n*. 仪表	Ölmessglas *n*. 油位表
		Amperemeter *n*. 电流表
		Voltmeter *n*. 电压表
	Melder *m*. 报警器	Betriebsmelder *m*. 行车报警器
		Umkehrmelder *m*. 倒车报警器
	Beleuchtung *f*. 车灯	Außenleuchten *n*. 照明灯
		Fahrtrichtungsanzeiger *m*. 转向指示灯
		Bremsleuchte *f*. 刹车指示灯
		Nebelscheinwerfer *m*. 雾灯
		Fuehrerraumdeckenlicht *n*. 司机室顶灯
	Klimaanlage *f*. 空调器	Klimaanlage *f*. 空调器
	Heizung *f*. 暖风机	Heizung *f*. 暖风机
	Ventilator *m*. 电风扇	Ventilator *m*. 电风扇
	Scheibenwischer *m*. 刮水器	Scheibenwischer *m*. 刮水器
	Akku *m*. 蓄电池	Akku *m*. 蓄电池
Spezialanlage *f*. 专用属具	Hydraulikhammer *m*. 液压锤	Hydraulikhammer *m*. 液压锤
	Hydrauliktafelschere *f*. 液压剪	Hydrauliktafelschere *f*. 液压剪
	Hydraulikklemme *f*. 液压钳	Hydraulikklemme *f*. 液压钳

（续表）

Gruppe/组	Typ/型	Produkt/产品
Spezialanlage *f*. 专用属具	Aufreißer *m*. 松土器	Aufreißer *m*. 松土器
	Holzgabel *f*. 夹木叉	Holzgabel *f*. 夹木叉
	Spiezielanlage für Autolader 叉车专用属具	Spiezielanlage für Autolader 叉车专用属具
	andere Spezielanlage 其他属具	andere Spezielanlage 其他属具
andere Partner 其他配套件		

20 andere Spezialbaugerät *n*. 其他专用工程机械

Gruppe/组	Typ/型	Produkt/产品
Baugerät für Kraftwerk *n*. 电站专用工程 机械	gezupft Turmkran *m*. 扳起式塔式起重机	gezupft Turmkran für Kraftwerk *m*. 电站专用扳起式塔式起重机
	Selbstkletternturmkran *m*. 自升式塔式起重机	Selbstkletternturmkran für Kraftwerk *m*. 电站专用自升塔式起重机
	Kesselkran *m*. 锅炉炉顶起重机	Kesselkran für Kraftwerk *m*. 电站专用锅炉炉顶起重机
	Drehkran *m*. 门座起重机	Drehkran für Kraftwerk *m*. 电站专用门座起重机
	Gleiskettenkran *m*. 履带式起重机	Gleiskettenkran für Kraftwerk *m*. 电站专用履带式起重机
	Bockkran *m*. 龙门式起重机	Bockkran für Kraftwerk *m*. 电站专用龙门式起重机
	Kabelkran *m*. 缆索起重机	paralell laufender Kabelkran für Kraftwerk *m*. 电站专用平移式高架缆索起重机
	Abhebevorrichtung *f*. 提升装置	hydraulische Seilabhebevorricrung für Kraftwerk *f*. 电站专用钢索液压提升装置
	Bauaufzug *m*. 施工升降机	Bauaufzug für Kraftwerk *m*. 电站专用施工升降机
		Kurvenbauaufzug *m*. 曲线施工电梯

（续表）

Gruppe/组	Typ/型	Prudukt/产品
Baugerät für Kraftwerk n. 电站专用工程机械	Betonmischturm m. 混凝土搅拌楼	Betonmischturm für Kraftwerk m. 电站专用混凝土搅拌楼
	Betonaufbreitungs-anlage f. 混凝土搅拌站	Betonaufbreitungsanlage für Kraftwerk f. 电站专用混凝土搅拌站
	Tower-Belt-Maschine f. 塔带机	Turmbandverteiler m. 塔式皮带布料机
Baumaschine für den Bau und die Wartung von Eisenbahn-transporten f. 轨道交通施工与养护工程机械	Aufrichtmaschine von Brückenträger f. 架桥机	Betonkastenträger-Aufrichtmaschine für Hochgeschwindigkeits-Passagierlinie f. 高速客运专线混凝土箱梁架桥机
		Betonkastenträger-Aufrichtmaschine ohne Führungsbalken für Hochgeschwindigkeits-Passagierlinie f. 高速客运专线无导梁式混凝土箱梁架桥机
		Betonkastenträger-Aufrichtmaschine mit Führungsbalken für Hochgeschwindigkeits-Passagierlinie f. 高速客运专线导梁式混凝土箱梁架桥机
		Betonkastenträger-Aufrichtmaschine mit unteren Führungsbalken für Hochgeschwindigkeits-Passagierlinie f. 高速客运专线下导梁式混凝土箱梁架桥机
		Rad- und Schieneverschiebenbetonkastenträger-Aufrichtmaschine für Hochgeschwindigkeits-Passagierlinie f. 高速客运专线轮轨走行移位式混凝土箱梁架桥机
		Vollgummi-Radschaltungbetonkastenträger-Aufrichtmaschine f. 实胶轮走行移位式混凝土箱梁架桥机
		Gemischte Fahrschichtbetonkastenträger-Aufrichtmaschine f. 混合走行移位式混凝土箱梁架桥机

80

（续表）

Gruppe/组	Typ/型	Prudukt/产品
Baumaschine für den Bau und die Wartung von Eisenbahn- transporten *f*. 轨道交通施工与 养护工程机械	Aufrichtmaschine von Brückenträger *f*. 架桥机	doppellinige Durchtunnelkastenträger- Aufrichtmaschine für Hochgeschwindigkeits-Passagierlinie *f*. 高速客运专线双线箱梁过隧道架桥机
		normale Eisenbahn-T-Strahl- Aufrichtmaschine von Brückenträger *f*. 普通铁路 T 梁架桥机
		normale Straße- und Eisenbahn-T- Strahl-Aufrichtmaschine von Brückenträger *f*. 普通铁路公铁两用 T 梁架桥机
	Kastenträger- Transporter *m*. 运梁车	doppellinige gummibereifter Kastenträger-Transporter für Hochgeschwindigkeits-Passagierlinie *m*. 高速客运专线混凝土箱梁双线箱梁轮 胎式运梁车
		doppellinige gummibereifter Durchtunnelkastenträger-Transporter für Hochgeschwindigkeits- Passagierlinie *m*. 高速客运专线过隧道双线箱梁轮胎式 运梁车
		einzellinige gummibereifter Kastenträger-Transporter für Hochgeschwindigkeits-Passagierlinie *m*. 高速客运专线单线箱梁轮胎式运梁车
		normale schinenfahrende Eisenbahn- T-Stahl-Kastenträger-Transporter *m*. 普通铁路轨行式 T 梁运梁车
	Trägeraufzug *m*. 梁场用提梁机	gummireifter Trägeraufzug *m*. 轮胎式提梁机
		schinenfahrende Trägeraufzug *m*. 轮轨式提梁机
	Maschine für das Aufbau，Transport und Verlegung von Raupenketten *f*. 轨道上部结构制 运铺设备	Ein-Schwellen-Maschine für das Aufbau，Transport und Verlegung von Langenketten mit Schotter *f*. 有砟线路长轨单枕法运铺设备
		Maschine für das Aufbau，Transport und Verlegung von Kettensystem ohne Schotter *f*. 无砟轨道系统制运铺设备

81

Gruppe/组	Typ/型	Prudukt/产品
Baumaschine für den Bau und die Wartung von Eisenbahn-transporten *f*. 轨道交通施工与养护工程机械	Maschine für das Aufbau，Transport und Verlegung von Raupenketten *f*. 轨道上部结构制运铺设备	Maschine für das Aufbau，Transport und Verlegung von Plattenkettensystem ohne Schotter *f*. 无砟板式轨道系统制运铺设备
		Maschine für das Aufbau，Transport und Verlegung von Kettensystem ohne Schotter *f*. 无砟轨道系统制运铺设备
		Maschine für das Aufbau，Transport und Verlegung von Plattenkettensystem ohne Schotter *f*. 无砟板式轨道系统制运铺设备
	Maschine für Schotter *f*. 道砟设备养护用设备系列	Schottertransportwagen *m*. 专用运道砟车
		Schotterverteil und-planiermaschine *f*. 配砟整形机
		Schotterstopfmaschine *f*. 道砟捣固机
		Schotterreiniger *m*. 道砟清筛机
	Elektrifizierte Leitungsbau- und Wartungsmaschine *f*. 电气化线路施工与养护设备	Abträggerät von Stüzen mit direktem Kontaktsystem *n*. 接触网立柱挖坑机
		Aufstellungsausrüstung von Stüzen mit direktem Kontaktsystem *f*. 接触网立柱竖立设备
		Kabelbauwagen mit direktem Kontaktsystem *m*. 接触网架线车
Baumaschine für Wasserbauprojekt *f*. 水利专用工程机械	Baumaschine für Wasserbauprojekt *f*. 水利专用工程机械	Baumaschine für Wasserbauprojekt *f*. 水利专用工程机械
Baumaschine für Bergwirk *f*. 矿山专用工程机械	Baumaschine für Bergwirk *f*. 矿山专用工程机械	Baumaschine für Bergwirk *f*. 矿山专用工程机械
andere Baumaschine *f*. 其他工程机械		